運動廣告的感性訴求

消費者購買動機之研究【以臺北市為例】

◎翁睿忱 著

目錄

第壹章　緒論

第一節　研究背景與動機

廣告一上，市場變樣；廣告一播，搞活企業（張百清，2002）。在所有的促銷過程中，廣告的最大重點就是在對於訊息之接收者，進行有效的溝通。廣告乃是需要付費的媒體方法，這種方式的溝通，不是個人親自的敘述，而是以訊息的方式加以傳達，其目的在透過大眾傳播媒體，傳達產品或者服務給予廣大觀眾，讓消費大眾知曉並說服他們消費產品或服務（黃金柱，1992）。廣告是廠商將產品相關訊息傳遞給目標消費者以產生廠商預期消費行為之主要工具，廣告對消費者的行為有重大的影響，一則有效的廣告，必須使目標消費者正確地知覺到企業所傳遞的訊息，而所謂訴求就是一種創意，可以激勵消費者採取一些特別行動或者影響消費者對某項產品或服務態度（祝鳳岡，1998）。根據貝卓（Batra）、麥爾（Myers）及亞克（Asker）的說法，廣告訊息對於訊息接受者或者鎖定之族群時會呈現不同之效果，廣告可以作為：增加認知與瞭解、提供特性與利益的資訊、發展與建立形象或個性、透過感覺及情緒與品牌加以結合、創造常態之族群以及改變行為（引自Mullin, Hardy & Sutton, 2000/2003）。因此我們可以瞭解廣告在電子媒體之行銷部分，佔有絕對的份量。

為了要使觀眾對傳播的訊息功能讓步而接受，在傳播訊息內容設計時需要應用某些心理動力，所謂的心理動力就是訴求，是廣告訊息與消費者動機間的溝通橋樑，因此，廣告訴求是將廣告訊息內容包裝起來，企圖去說服消費者或影響消費者所用的創意，或是特別構思而使用的訊息。而廣告訴求中，感性訴求廣告是著重在消費者心理、社會或象徵的需求上，這類型廣告並不提供消費者產品使用的資訊線索，而是建構了生活形態的圖像，將地位聲譽、社會互動與消費者相連結。因此，藉由感性訴求引發消費者之感受與情緒，使消費者產生共鳴，並且藉由引起消費者的正面或負面情緒來激發期購買的意願是廣告常使用的策略。

感性訴求廣告對消費者的影響，除廣告中所欲傳達的訊息、廣告結構、廣告的表現手法外，消費者觀看廣告後之情感反應也是一項重點。為了使廣告更有特色或更具說服力，廣告主要常使用以情感為訴求的廣告，使消費者情緒受到震撼，腦中產生渴望的念頭。

感性訴求廣告會引起影響廣告態度的情緒反應（Pechmamn & Stewart, 1989; Bagozzi & Moore, 1994; Kolter, 1997）。Batra & Holbrook（1987）的研究發現，情緒反應是經由對廣告的態度去影響對品牌的態度，Mackenzie（1986）更進一步指出對品牌的態度會影響購買意願。由以上論述說明感性訴求廣告所引起的情緒反應可以影響消費者的購買行為，並不需要影響或改變消費者的認知結構，也就是說，不必改變消費者對產品相關的信念及評估，情緒反應對於消費行為的重要性若真如上所述，對該範疇是有必要作進一步的瞭解。

運動休閒是人類生活文化的一種呈現。過去運動在臺灣大都呈現在學校體育課程、運動競技比賽，或個人休閒生活中，但是最近幾年來，運動逐漸與現存產業結合，呈現在經濟活動中，主要成為商品或商品的一部分，並受到社會大眾的歡迎（高俊雄，2002）。運動商品在臺灣大量的問世，當然消費者也面臨了眾多的購買抉擇，在這麼多的商品中該如何取決出好壞，各家運動商品公司期望透過運動廣告與消費者溝通，而本研究所探討的感性訴求之運動廣告是否又能透過心理層面有效的打動消費者，實需要進一步研究。

「電視機」這個二十一世紀的科技產物，它成為社會大眾探索這個世界的一扇窗戶，根據行政院主計處（2002）公佈之社會指標統計，生活環境家庭主要設備普及率的部分，擁有彩色電視機之住戶比例為99.6%。也就是說電視這個聲光效果一流的電子媒體，已漸漸與現代人的生活密不可分了。在過去五十年，電視媒介的成長為大眾提供了分發新聞、娛樂、及資訊的管道（Turner, 1999）。尤其在全球化的過程中，電視的市場明顯且快速地擴散，並藉由運動構成一個同時地提供旅遊、消費、物品交易的場所（Juffer, 2002）。由於電視能夠使觀眾從參與者成為消費者（Wagner, 1994），基於電視的普及性、聲光性、機動性及國際性，使得運動的推廣、職業運動的經營均需靠電視的廣告收入（陳鴻雁，1998）。

運動與電視是屬於一種共棲之關係，運動廣告更是在電視廣告的部分讓人印象深刻，尤其電視可以接觸之群眾範圍是最為廣泛的。一個簡單架構的故事或劇本，就可依照數種不同的描述方式，結合聲音及影像製造出各式類型的運動廣告，本研究以感性訴求電視運動廣告為主，探討感性訴求之電視運動廣告對國內消費者購買動機之影響情形，希望藉由研究結果幫助相關運動行銷人員、廣告製作人員往後製作廣告方向與實行行銷策略之依據。

第二節　研究目的

根據以上研究背景與動機，本研究具體目的如下：

一、瞭解臺北市運動用品專賣旗艦店消費者之人口統計變項分佈情況。
二、瞭解消費者對運動廣告感性訴求策略之體認情況。
三、瞭解消費者對運動產品之購買動機情況。
四、瞭解不同特性之消費者在感性訴求運動廣告之差異情況。
五、瞭解不同特性之消費者對運動產品購買動機之差異情況。
六、瞭解廣告感性訴求策略與購買動機之相關情況。
七、瞭解感性訴求廣告對臺北市消費者購買動機之預測情況。

第三節　研究問題

一、臺北市運動用品專賣旗艦店消費者人口統計變項之分佈情況為何？
二、消費者對運動廣告感性訴求策略之體認情況為何？
三、消費者對運動產品之購買動機情況為何？
四、不同特性之消費者在感性訴求運動廣告上是否有顯著的差異？
五、不同特性之消費者對運動產品購買動機上是否有顯著的差異？
六、廣告感性訴求策略與購買動機是否有顯著的相關？
七、感性訴求廣告能否有效預測消費者對運動產品的購買動機程度？

第四節　研究假設

基於文獻與研究架構，本研究提出對立假設，內容如下：
一、不同特性之消費者對於感性訴求之運動廣告有顯著差異。
二、不同特性之消費者對於運動產品之購買動機有顯著差異。

三、感性訴求對消費者購買動機有顯著相關。
四、感性訴求之運動廣告能夠有效預測消費者之購買動機程度。

第五節　研究範圍與限制

一、研究範圍

本研究為感性訴求運動廣告對於臺北市消費者行為影響之實證性研究，然而廣告傳播媒介甚多，並非僅有電視一種，對於消費者的相關影響效果也不同。本研究中情感訴求之運動廣告傳播媒介是以電視單一媒體進行研究，並針對臺北市運動用品專賣旗艦店參觀或消費之消費者為研究對象。

二、研究限制

由於本研究以賣場調查法並填寫問卷之方式進行，故本研究可能之研究限制有以下幾點：

(一) 本研究的抽樣方式採用賣場調查法採用方便取樣，由於受限人力、物力與時間，僅以2006年3月17日至2006年3月25日之間，於臺北市運動用品專賣旗艦店參觀或消費之消費者為研究對象。

(二) 本研究之調查對象僅針對在臺北市運動用品專賣旗艦店活動且年滿18歲之消費族群，其他地區及未滿18歲之民眾則不在本研究之探討範圍內，故不宜加以推論。

(三) 本研究僅以透過電視得知廣告消息之消費者為研究對象，結果不宜推論至透過其他傳播媒介得知廣告消息之消費者。

(四) 本研究採問卷調查法，對填答者填答無法加以控制，僅能假設填答者均能誠實回答。

第六節　名詞釋義

一、感性訴求廣告（emotional appeals advertising）

主要強調「emotional」一詞，本研究依據參考文獻與書籍求證，將「emotional appeals advertising」於本研究中統一為感性訴求廣告。而廣告種類範圍則限定於運動產品部分，因此主題定為感性訴求之運動廣告。

依據黃守聰（2004）將運用感性訴求策略之廣告表現方式分為三個部分，分別為：使用者形象「user image」；品牌形象「brand image」；使用時機「use occasion」。本研究採用之感性訴求運動廣告，即是以廣告表現方式之三個部分為主題。

研究之廣告出處，是以臺灣CF歷史資料館收錄之資料，期間為2005年5月以前收錄之相關運動產品廣告，經臺灣藝術學院傳播學院兩位教授問卷調查後（如附錄三），在72篇中挑選出13則最符合感性訴求之運動廣告，以表1-1加以詳加整理。

表1-1　本研究施測感性訴求廣告整理表

廣告編號	廣告名稱
0129	不可能的任務篇
0168	老虎伍茲廣告篇
1703	Nike運動生活篇

1825	蠍鬥廣告－瘋狂足球篇
1830	籃球運球篇－完整版
2341	FUNK－檢討篇
2544	Adidas－機器人實驗室－避震篇
2758	運動傷害篇
3122	Nike－系列商品－形象代言廣告001（完整版）
3668	House－Party－好動篇
4332	企業形象－十項全能
4902	節奏籃球系列－三對三鬥牛賽
4935	愛戀網球系列－網球教練篇

資料來源：本研究整理

二、專賣旗艦店

所謂旗艦店的定義，目前並沒有一致的看法，總合來說，旗艦店是一個品牌的精神指標，店內有最豐富、完整的商品系列、有受過高度專業訓練的銷售人員，店內的裝潢與陳列能充分表現品牌精神與設計概念，具有指標性的商店型態。

在字典上「flagship」，「旗艦」的定義比較偏重於解釋「flagship」是旗幟的標竿，是船隊中的領航者的角色。牛津字典解釋旗艦的定義為在一整組的產品或想法中，最高品質或是最重要的，即為flagship。

從學術領域看旗艦店，尤其是地政學的角度來說，比較偏重於都市規劃與商業發展對旗艦店地理位置的探討，旗艦店是位於購物中心或中心商業區，由總公司直營、陳列，商品最齊全、地點醒目，且營業面積是其他分店所不及的。就零售業而言，旗艦店是業者經營的店面中規模最完備的，目的在展現業者企業識別形象（林育慈，1997）。而李采洪（1995）曾提出，旗艦店為品牌的形象店，販賣該品牌全系列的商品，然而旗艦店的投資金額遠大於百貨公司所設的專櫃，且旗艦店開設的精神乃是以建立品牌形象為主。本研究依據上述之理論及各領域所提出對於旗艦店的定義，進而選擇臺北市各大運動用品專賣旗艦店為實驗施測地點。

三、購買動機

所謂動機即是促使人們採取某種行動的內在驅動力量，可以用來解釋人們行為背後的理由。而購買動機為經由產品購買與消費，以滿足自身心理與生理需求的驅動力。

第貳章　文獻探討

本章共分為四節，第一節介紹感性訴求廣告，闡述感性訴求廣告定義及感性訴求廣告之相關理論；第二節介紹購買動機與消費者購買動機理論及定義，並說明感性訴求廣告與購買動機之關聯性；第三節將蒐集各領域學者對於感性訴求之運動廣告對消費者購買動機與產品涉入影響之實證研究，並提出與本研究之相關聯性；於第四節中將本研究研究主題之各個關鍵要素蒐集之文獻重點加以彙集統整。

第一節　感性訴求廣告之定義與廣告效果之相關理論

Kolter（1997）提出，廣告訴求「appeal」，又可稱為廣告的主題「theme」，是指一個廣告直接或間接針對消費者欲求或動機發出刺激而形成。它明確地表達某種利益、激勵、認同或說明為什麼消費者應該考慮或研究該產品，本研究鎖定研究主題，將焦點放在感性訴求策略，並探討其對消費者購買動機的影響。

一、廣告（advertising）之定義

廣告（針對一般性商業廣告而言）的目的在透過訊息的呈現以及與消費者的接觸，提高消費者對於該項產品或服務的接受程度，進一步引發消費者在該項產品或服務上的消費。Belch（1999）提出廣告的定義為：支付金錢給有關於組織、產品、服務、或特定贊助

者提供的想法的一個傳播，即將有關組織、產品、服務或想法的表達，透過金錢的方式傳播出去，就是廣告本質之所在；至於廣告傳播（advertising communications）為：相較於促銷，被視為一種間接的說服方式，基於對產品利益的理性及感性訴求，設計有利心理印象讓消費者改變心智，朝向購買產品（Rossiter & Percy, 1998）。然而隨著時代的演變，大眾傳播迅速，廣告可視為一種過程，是傳播與行銷的過程，也是訊息傳遞與說服的過程（黃深勳，1998）。

由於廣告具有上述的特性，因此學者間對於廣告的定義另有不同的見解，由於學者專家對廣告定義的繁多，茲將國內外專家學者之不同觀點加以彙整如下：

(一) Engel, Blackwell & Miniard（1990）提出，廣告是透過大眾傳播媒體以進行之說服性溝通。

(二) 美國麥肯廣告公司（Maccann Erickson, 1994）提出廣告能有效的告知消費者事實真相（truth well told）。

(三) 黃深勳（1998）提出，廣告是客戶支付費用，透過適當的媒體，將有關產品、服務、組織或個人的訊息，真實地傳達給訴求對象，經過一定的過程，有計劃地引導訴求對象朝一定的方向思考、行動，以達到預期且正面的效果。

(四) Blackwell, Miniard & Engel（2001）認為，廣告是一種透過大眾傳播媒體所進行之說服性溝通。

綜觀各專家學者之意見可知，一般將廣告定義為由特定的廣告主，支付費用予各種傳播媒體，藉此傳達商品或勞務的利益及特徵，廣告的內容主要有商品、服務及創意理念，與視聽大眾進行說服性之溝通，並激發其購買意圖。而廣告的目的在於實行企業目標，並採用非親身及非當面的傳播方式滿足消費者或利用者的需要，並且增進或擴展社會福祉。

二、感性訴求廣告（emotional appeals）之定義

感性訴求係指以「形象」作為主力訴求的廣告方式（Snyder & DeBono, 1985），以下就近年各學者對感性訴求詳細定義如下：

(一) Polly & Mittal（1993）提出，感性訴求並不提供消費者產品使用的資訊線索，而是建構了生活形態的圖像，將地位聲譽、社會互動與消費者相連結。

(二) Kolter（1997）認為感性訴求以情感的方式呈現，誘使消費者對產品的偏好。背後的基本假設認為，消費者對品牌情感的形成不一定必需經由消費者的認知作用而來。

(三) 祝鳳岡（1998）認為，一般而言廣告感性訴求是一種包含在廣告裡的承諾，透過這種承諾，可滿足消費者之社會需求或心理需求，本質上，廣告感性訴求是屬於一種感動力策略，用動之以情之心境觀點，以人性化訴求來影響消費者之情感態度。

人們很多根源於本性（instinct）或驅力（drive）的行為常常以情感表現出來，由於本性、驅力和情感是息息相關的，所以廣告訴求涉及三者之一時，皆可稱為感性訴求（Kolter, 1997）。此外，祝鳳岡（1998）對於感性訴求廣告目的、功能、特性下了定義，如表2-1所示：

表2-1　感性訴求廣告目的、功能、特性

	感性訴求廣告
目的	經由使用者形象、品牌形象、使用時機，建立產品差異化
功能	1.引導消費者產生強烈之感情 2.建立強勁之使用者形象、品牌形象、使用時機

特性	1.廣告人性化 2.人員接觸 3.溫馨、溫暖的感覺 4.軟性打動

資料來源：祝鳳岡（1998）。整合行銷傳播之運用：觀念與問題。傳播研究簡訊。

Laskey等（1995）提出感性訴求策略廣告表現方式，如下列所示：

（一）使用者形象（user image）

訊息重點放在產品使用者上。利用鮮明的使用者角色，塑造獨特的使用形象，讓消費者在回憶（recall）廣告甚至購買決策時，能夠受廣告中使用者的形象所影響。

（二）品牌形象（brand image）

訊息重點放在發展品牌特有形象上。品牌形象是指存在於消費者於接觸廣告之後，記憶中與品牌相連的聯想。廣告所傳播的品牌形象可使消費者確認品牌所能滿足的需求，得到差異化的感受和滿足。塑造成功的品牌形象對於消費者而言更是一種價值的創造，並能進一步被目標消費群所認同。

（三）使用時機（use occasion）

訊息重點放在產品使用的適當情況。廣告不表明產品的特性及功能，而是塑造產品使用的獨特時機或情境，使消費者聯想在廣告情境中，自己也可使用廣告中的產品。

三、廣告效果及衡量

本研究探討感性訴求廣告的廣告效果實為廣告溝通效果的範圍，以下說明廣告效果的內涵和為何以為認知（cognition）、情感（affection）、行為（behavior）三種，來衡量廣告效果的原因。

（一）認知方面

廣告效果的認知方面指的是廣告認知（advertising recognition）與廣告回憶（advertising recall）。廣告認知是在研究對象看完廣告之後，詢問其是否能夠辨認出廣告片段、品牌及名稱；廣告回憶是要受測者在沒有任何提示下，詢問其是否記得廣告內容（Solomon, 1999），此指標在衡量大眾媒體的廣告效果中，經常被使用（Clancy, Ostlund & Wyner, 1997）。

（二）情感方面

廣告效果的情感方面指的是廣告態度（advertising attitude）、品牌態度（brand attitude）。廣告態度指的是受試者在接觸某特定資訊後，所表現出持續的好感或厭惡的傾向（Lutz, 1985）。其中廣告態度又可進一步區分為情感反應與認知反應（Lutz, MacKenzie & Belch, 1986）。品牌態度指的是消費者對品牌所產生的持續性心理傾向，而廣告態度對品牌態度有直接或間接的影響（Lutz, MacKenzie & Belch, 1986）。

（三）行為方面

廣告效果的行為方面包括消費意願（purchase intention）與消費行為（purchase action），其中消費意願表示在某段特定期間內，消費者計畫購買特定品牌之產品若干數量的心理狀態；而消費行為表示在某段特定期間內，消費者已購買某一品牌且支付費用或承諾支付費用。

評估廣告效果的方式有兩大類，即銷售效果與溝通效果的衡量。廣告銷售效果的衡量是以產品銷售量為衡量標準，但由於銷售量的影響因素並不僅限廣告，其他如通路、促銷方式、價格高低、包裝服務、競爭環境、經濟情況等因素皆有可能對銷售效果產生影響，而且除了廣告表現之外，廣告量的多寡與媒體的選擇都會影響廣告的銷售效果，因此，若未考慮其他影響因素，而直接以銷售量衡量廣告效果，其結果之正確性較受質疑。同時廣告的銷售效果常被公司視為機密，較少對外公佈，同時外界也缺乏公正客觀的衡量標準，因此探討廣告的銷售效果通常不易完成。然而，在另一方面，廣告溝通效果的衡量重點，是衡量廣告對消費者心理及態度的影響，而廣告者主要的目的就是要讓消費者有效接收廣告主傳播的訊息，而觸及消費者內心，進而產生購買意圖。廣告溝通效果的評估較為容易，而且有助於企業瞭解廣告是否達到對消費者溝通的目的，例如瞭解廣告之後，消費者對廣告的態度、對產品的態度、購買意願等。多數學者探討廣告溝通效果時常利用問卷或實驗操弄方式進行之，以在特定的情境下，討論不同的廣告溝通效果。

Batra（1986）在整合以往學者所提之廣告效果傳遞模式後，發現情緒反應在廣告效果的傳遞過程中佔有相當重要的地位，如圖2-1所示。並在實際調查研究中發現，廣告愈能激起消費者的情感反應，則消費者對廣告的態度愈趨正向。當消費者對廣告有正向的態度時，也將連帶對品牌產生正向的態度。

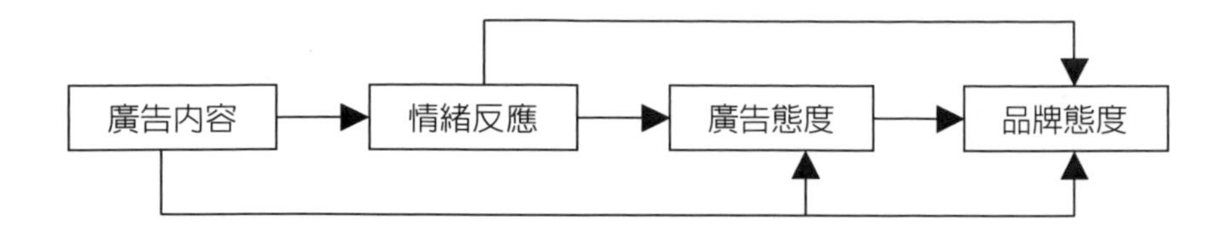

圖2-1　情感反應之效果傳遞模式

資料來源：Batra, R. and Michael, L.R. (1986).Affective Responses Mediating Acceptance of Advertising, "*Journal of Consumer Research*, *13*, 234-249.

第二節　購買動機理論

一、動機與購買動機的定義與內涵

消費者行為背後的巨大影響力量為何？動機可以被視為是一種個人內在的驅力，這種驅力促使個人採取行動（Mook, 1987）。驅力主要來自因需要未達到滿足而產生的緊張，當消費者的緊張達到某一程度時，便會產生驅力以促使消費者採取行動來滿足其需要以降低其緊張，因此動機是一種驅力，其主要的目的在於消除消費者的緊張（林建煌，2002）。

在消費者行為研究中，購買動機的研究已歷時甚久，許多學者曾對消費者的動機提出定義，經由廣泛的研究，本研究彙整眾多學者對於動機與購買動機所下不同之定義如下：

(一) Schiffman & Kanuk（2000）將動機定義為個人內在的驅動力，促使人們採取行動，而導致此種驅動力的存在，乃是因為需求尚未滿足所引發的緊張狀態，故人們會藉由各種能滿足需求的行為，來降低此種的緊張狀態，以釋放感覺到的壓力。

(二) Hahha & Wozniak（2001）則提出，動機是一種狀態，在此狀態之下，人們會針對期望目標的選擇樣式作出適應的行為。

(三) 張逸民（1999）認為動機係指一種具有強烈壓力的需求，它迫使人們不得不去尋求需求的滿足。

(四) 方世榮（2000）認為動機是一種被刺激的需要，它足以使一個人去採取行動以求得滿足。

(五) 黃俊英（2002）認為動機是一種被刺激的需要，足以促使一個人去採取某項行動以滿足需要。消費者的行為常受動機所左右，例如，某位男性消費者為什麼想買一雙球鞋？背面一定有他想追求的動機或他想滿足的需求。

(六) Assael（1998）認為，消費者購買動機是一種引導消費者朝著滿足需求行為的驅動力。

(七) Blackwell, Miniard & Engel（2001）則指出，消費者動機是藉由產品購買與消費來滿足心理與生理需求的驅動力。

消費者因為飲料、食物以及各種產品的購買，而大幅度地降低其需要不滿足所帶來的緊張，也即是動機之過程（林建煌，2002），圖2-2說明這種關係的內涵。

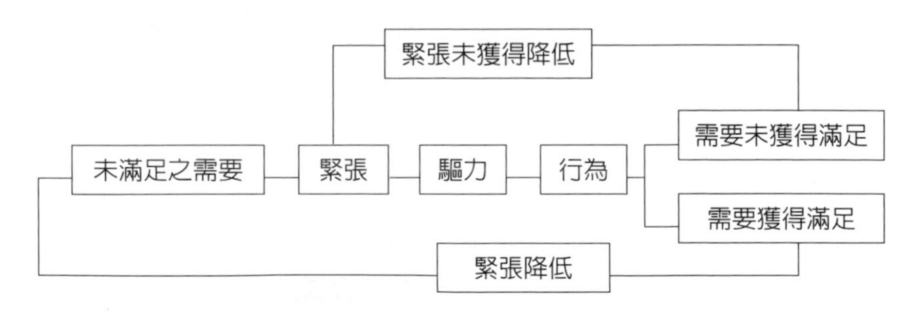

圖2-2 動機的過程

資料來源：林建煌（2002）。消費者行為。臺北：智勝，181頁。

當人們產生某種需求就會感到壓力的存在，此時就會想降低這個壓力或是滿足這個需求。行銷人員此時可以提供人們所需要的產品或服務，讓人們降低這個壓力。然瞭解動機的方法是將人類的需求分類，而發展出人類動機理論最著名的學者是馬斯洛（Maslow）、佛洛伊德（Freudian）、穆雷（Murry）及麥克裏蘭（McClelland），簡述如下：

（一）Maslow的需求層次論

Maslow（1970）的需求層次論將人的需求動機分為生理的需要、安全的需要、社會的需要、尊重的需要及自我實現的需要等五個等級，如圖2-3所示。他認為這種需求的先後順序是固定的，人們會先尋求低層次的需要滿足，其次再追求高層次需要滿足，在低層次的需求沒有滿足前，不會產生更高層次的需求。因此，行銷人員可將這些需求與產品或服務能夠提供的利益相結合，滿足消費者特定需求。

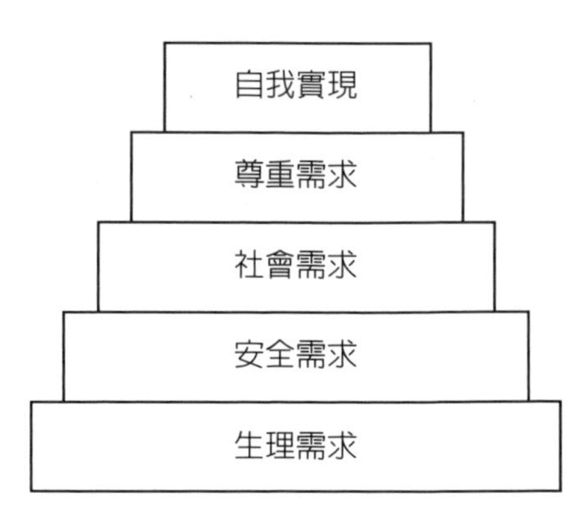

圖2-3　Maslow 需求層級架構

資料來源：林建煌（2001）。管理學。臺北：智勝。

Maslow所主張的需要層級，是根據下列四個前提來推論而得（葉日伍，2002）：

1、所有的人類都因為遺傳和社交而擁有相似的動機集合。

2、有些動機比其他動機更為基本或重要。

3、在其他動機被啟動之前，較基本的動機必須滿足到某個最低水準。

4、較基本的動機獲得滿足之後，較高級的動機就開始發揮作用。

（二）Freudian動機理論

Freudian（1964）的理論也被消費者行為研究者所接受，他的理論強調那些可能隱藏在消費者行為下的無意識動機，這是消費者本身無法明確告訴行銷人員的動機。他認為人們對於真正影響自己行為的心理力量幾乎不自覺，亦即他認為人們並未全然瞭解自己動機的泉源（方世榮，2000）。

Freudian的動機理論在行銷上的啟示為：行銷人員應研究如何以潛意識動機來解釋購買情境及購買決策（曾柔鶯，1998）。

（三）Murry的心因性需要理論

相對於馬斯洛的五需求理論，Murry在1938年提出了28項基本的心因性需要（psychogenic needs）。Murry所認為較重要的20項基本需要包括：屈尊需要、成就需要、聯合需要、侵略需要、自主需要、對抗需要、防禦需要、遵從需要、支配需要、愛現需要、避免受傷害需要、避免不利需要、培育需要、條理需要、遊戲需要、拒絕需要、感覺需要、性需要、救助需要、瞭解需要。Murry相信每個人都具有相同一套基本需要，唯一不同的是每個人對這些需要的相對優先性有所差異，並認為需要是腦中的一股力量，這股力量會促使一個人採取一種將不滿意的狀況轉換成較滿意狀況的方式，來進行認知與行動（林建煌，2002）。

Murry的心因性需要也被稱為事一種工具性需要（instrumental needs）或社會性需要（social needs），這主要是因為他們經常是來自對人際間互動的需要，而這些需要可以讓我們更清楚地認清人們是如何處理這種人際互動，同時，這些需要也並非彼此互相獨立無關的，它們經常會結合在一起而導致某種特別的行為（林建煌，2002）。

（四）McClelland的三種需要理論

McClelland（1961, 1985）主要是以個人特徵層面來瞭解消費者的動機，他集中焦點於一些學習所獲得的需要，這些需要會造成人們的某一種「持續而穩定的傾向」，而這種傾向往往可由環境中的一些因素所引發，他將需要分類為成就需要、權力需要及歸屬需要。

綜合以上文獻，動機是促使人們採取某種行動的內在驅動力量，可以用來解釋人們行為背後的理由，由於我們通常無法直接觀察到動機本身，因此只能透過行為來觀察。基本上，大多數學者皆認為消費者同時具有多重的動機，有些動機是很明顯的，亦及消費者很清楚其行為背後的理由，但有些動機是隱藏的，甚至消費者自己也不知道它的存在。而這是本研究要探討的一部分，而本研究綜合各學者的定義，將購買運動產品的動機定義為「消費者購買運動產品的理由」。

二、購買動機的類型

消費者動機理論支持，消費者於購買的產品以及服務時，同時間將滿足不只一種的動機，並強調動機並無層級上的區分，動機之分類並無固定，需依照當時服務或使用之產品，判斷其滿足的需求，故本研究將列出較具代表性的分類如下：

(一) Tauber（1972）將人們購買動機分成個人動機（personal motives）和社會動機（social motives）：

1、個人動機

(1) 角色扮演（role playing）：許多活動是經由學習而來，這些活動在傳統上被認為是社會當中的某個角色或地位。

(2) 轉移（diversion）：購物可讓人們從一成不變的日常生活中轉移注意力，因此甚至可以充當為一種娛樂。

(3) 自我滿足（self-gratification）：不同的心理狀況與情緒狀態可以解釋人們為什麼去購物，有些人會為了減輕沮喪而去購物，像這樣的狀況，他們購物的動機就不是去消費，而是去享受購買行為的本身。

(4) 搜尋流行趨勢（learning about new trends）：充斥在日常生活中的各種產品同時也代表一個人的生活態度與生活型態。

(5) 運動（physical activity）：購物可以讓人們以非常悠閒的節奏運動，這對居住在都市的人來說十分具有吸引力。

(6) 感官刺激（sensory stimulation）：零售通路可以提供消費者各種潛在性的感官享受。

2、社會動機

(1) 戶外的社交經驗（social experience outside the home）：市場在傳統上就是一個社交活動的中心，在許多國家仍有各種傳統市集，人們在市集裡進行社交活動。

(2) 互動行為（communication with others having a similar interests）：

提供各種和興趣相關產品的商店。

(3) 同儕團體的吸引（peer group attraction）：到某家商店消費只是要取得同儕團體或參照團體(reference group)的認同。

(4) 身分地位與權力（status and authority）：在某些地方購物可以讓人們備受禮遇與尊重，甚至於免費享受一些服務。

(5) 討價還價的樂趣（pleasure of bargaining）：許多人喜歡享受討價還價的過程，並且深信透過討價還價可以讓商品價格降到合理的價位。

(二) Blackwell, Miniard & Engel（2001）的需求分類如下：

1、生理的需求（physiological Need）：生理需求是需求最基本的種類，消費者購買的原因是需要維持日常生活運作。

2、安全與健康需求（safety and Health Need）：安全的需求引起購買產品動機以及其他個人保護。

3、愛與友誼的需求（the need for love and companionship）：產品被視為是愛與關心的符號，例如：花、卡片等，提供我們對某人情感之象徵。

4、財務資源與保證的需求（the need for financial resources and security）財務安全的需求也擴展到我們身邊重要的人，亦即只要我們存活並持續工作著，我們的家人就將受到照顧。

5、娛樂的需求（the need for pleasure）：消費者以各種不同的方式滿足他們對娛樂的需求。

6、社會形象需求（social image need）：社會形象是建立在一個人對其他人接受自己的關心程度，反應出我們對社會環境的某種形象需求。

7、擁有的需求（the need to possess）：擁有的需求是消費者社會的品質證明特性，由於消費者的欲望是無窮的，因此這是一種成長的需求，人們期望更好的生活、更大與較好的產品以及較佳的服務，亦即「舒服」驅使著消費者對擁有的需求，另一方面，擁有需求在衝動購買上扮演一重要的角色。

8、給予需求（the need to give）：給予需求不只限定在金錢上，包含了贈送他人作禮物的產品。

9、資訊的需求（the Need for information）：許多產品的購買與消費可歸因於對資訊需求，消費者對資訊需求說服過程中扮演重要之角色。

10、變化的需求（the need for variety）：生活變得枯燥乏味，意謂著產品的消費，有時購買某一商品，只是為了想要有不同的嚐試。

Rossiter & Percy（1991）研究中指出感性訴求廣告與消費者購買動機之適用關係包含以下三點：

一、知識刺激（intellectual stimulation）：消費者購買產品或品牌的動機是為了獲得資訊，累積見聞。

二、社會認定（social approval）：消費者購買產品或品牌的動機為了被產品或品牌的目標族群所認定。

三、滿足感受（sensory gratification）：消費者購買產品或品牌的動機是為了知覺上的滿足。

但如何利用廣告表現方式將消費者購買動機付諸行動，一直是廣告主所急於瞭解的。直到Ronald（1999）在研究中進一步指出感性訴求的廣告表現方式與消費者購買動機之適用關係，他認為大部分的訊息表達手法皆可分成傳送性（transmission view）與儀式性（ritual view）這兩種觀點，其分類方式亦是將廣告行銷方式歸類為理性訴求與感性訴求兩大類別，其中為感性訴求的儀式性（ritual view）觀點，界定了三種概念上的構面，如下所示：

一、自我心理（Ego）：由佛洛伊德的心理分析模式而推出來的，此策略在於滿足消費者自我實現或虛榮心的需求。

二、社會價值（Social）：由Veblenian的社會心理模式而推出來的，此策略在於滿足消費者獲得社會認同或尊敬的需求。

三、感官滿足（Sensory）：由Cyrenaics哲學所推出來的，此策略在於提供消費者能從視覺、聽覺、觸覺等感官上獲得快樂，也就是提供消費者一種快樂時光的策略。

Ronald（1999）利用此三種概念上的構面，將上述所提到的感性訴求策略的廣告表現方式與消費者購買動機做了適用性的分配，如圖2-4所示：

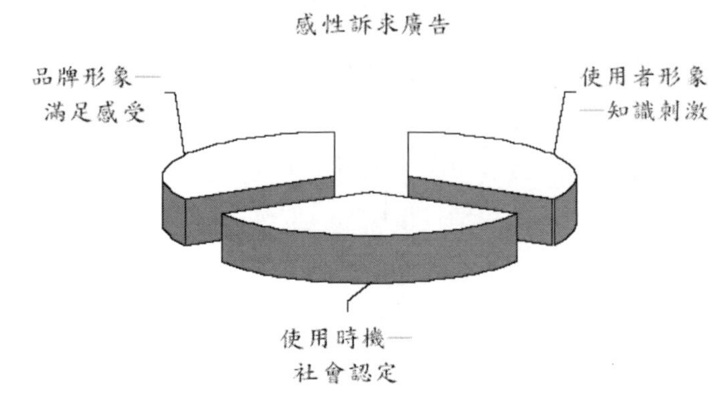

圖2-4　感性訴求廣告表現方式與消費者購買動機適用關係圖

資料來源：Ronald, E.T. (1999). A Six-Segment Message Strategy Wheel, Journal of Advertising Research, 39 (6), 7-17.

第三節　感性訴求運動廣告對消費者購買動機實證研究

感性訴求之廣告是著重在消費者心理、社會或象徵的需求上，將地位聲譽、社會互動與消費者相連結，因此，藉由感性訴求引發消費者之感受與情緒，使消費者產生共鳴，並且藉由引起消費者的正面或負面情緒來產生廣告效果（王紹遠，2003）。感性訴求之廣告實際用於實務方面，確實擁有其不同於一般性廣告之效果。

陳逸帆（2004）針對管理學院學生為母體進行分析進行理性、感性廣告訴求下轉換意願影響因素之研究，結果發現到感性廣告有較佳的應用範圍，理性廣告則較適用於特定之群體，所以感性訴求有較廣的應用泛圍，建議相關業者優先採用感性訴求之廣告。也因此，以感性訴求為本質之廣告或各種節目都是較容易適用於大部分消費者，並且發揮其廣告作用以達到效果。

除了廣告之外，陳錦玉（2004）以三個名人專訪電視節目為例，進行觀眾對情感性訴求節目的「感動」反應研究時發現，名人專訪節目所引導出的感動反應，與對於該節目的觀感與評價呈現正向之關係，且在控制其他變項下，感動反應為影響觀感與評價的主要仲介原因，亦即研究證實『感動』情緒為一正面情緒，且被視為是一種資訊而同時與其他資訊被一併處理。除此之外還一併發現，大學生當中同理心愈強的愈喜歡收看談話性節目；愈喜歡收看溫馨感人節目的人及收看這些節目的頻率愈高的人，則較容易產生感動之反應，其中，證實了同理心在情緒感染上的重要性。而性別只影響了收視行為，並未影響感動反應，收視頻率愈高的，亦並未發生視覺痲痺效果，因此，無論男性或女性在面對情感訴求為主之媒體節目時，是同樣會產生感動反應的，而且以情感性訴求為主體之電視節目是較不易造成閱聽人產生厭倦感的。

在社會大眾的生活週遭，接觸媒體與接收廣告的撥放訊息頻率是十分頻繁的。曹馨潔（2003）於廣告代言人、廣告訴求與廣告播放頻率對廣告效果之影響的研究中指出，廣告隨著頻繁的播放頻率，影響到消費者的日常生活，廣告主企圖透過廣告對消費者傳遞訊息，期望能使消費者產生正面態度進而引發購買的慾望，廣告主也一直致力於製作出能令消費者印象深刻的廣告，廣告訴求無論理性還是感性與廣告播放頻率，對廣告的效果皆有著顯著的影響。另外，張元培（1997）對於大臺北地區的大學院校生，針對運動電視廣告之文化意涵之研究中指出，廣告收看的次數超過15次者，其受到廣告之文本建構力的影響較大。感性訴求廣告可以經得起消費者一看再看，這對無論任何領域主題的廣告訴求來說，都將是十分重要的。

消費行為背後的購買動機是深受許多因素的影響，不同程度的刺激所產生出的行為表現就不同，即使是受到同樣的刺激，亦會因個人的差異而產生迥然不同的結果。

王紹遠（2003）在研究感性訴求廣告對廣告效果影響路徑之研究實驗結果中提出，感性訴求廣告的表現方式須透過情緒達到廣告效果，且其過程會由購買動機干擾的假設成立，因此歸納出實驗結果，其中包括：（一）在購買動機中「知識刺激」時，感性訴求廣告之「使用者形象」表現方式會藉由「鼓舞情緒」來影響廣告效果。（二）在購買動機中「社會認定」時，感性訴求廣告之「使用時機」表現方式可藉由「鼓舞情緒」來影響廣告效果。（三）在購買動機中「滿足感受」時，感性訴求廣告之「品牌形象」表現方式可藉由「溫暖情緒」來影響廣告效果。以此份研究得知，當消費者購買動機產生後，搭配不同表現手法之感性訴求廣告，就會透過不同的情緒傳遞來影響其廣告效果，消費者有可能因為感性訴求廣告的打動而受其影響，決定後續之行為。

另外，黃守聰（2004）對產品涉入程度、品牌權益、感性訴求廣告與購買意願關係之研究——以手機為例的研究中也發現，產品涉入程度、品牌權益、感性訴求廣告與購買意願之間，有著明顯的關聯存在。

徐達光（2003）指出，依動機之意義，當消費者需求被觸動時，就會產生購買產品的反應，藉以滿足自身的需求，回復到均衡的狀態，但每個人都存在許多不同的需求，且在時間以及金錢的限制下，各種需求不可能同時被滿足。研究中指出一些消費者在購買特殊產品的過程中，比其他人涉入更深，消費者涉入是指消費者對產品保持著警覺和興趣的狀態，高涉入階層之消費者在購買前有強烈的動機去尋找、參與、比較與產品有關的任何訊息，換言之，消費者涉入程度深，傾向於產生強烈的動機，優先處理重要的需求，動機的強弱與消費者涉入的高低保持著密切的關係。涉入理論合理地解釋為何消費者並非總是以複雜且耗時耗力的決策程式進行購買決策（康志瑋，2001）。因此在消費者行為的構面中，無論是動機或者產品涉入的因素，都是對消費者購買過程中的重要環節。

第四節　本章總結

本研究主要探討感性訴求之運動廣告對臺北市消費者購買動機及產品涉入程度的影響，本章節藉由研究的主題各個要素的文獻探討，以瞭解感性訴求廣告可能對消費者所造成之影響。

首先在感性訴求廣告部分，感性訴求策略的廣告表現方式大致可分為三個部分，分別為使用者形象，其訊息重點放在產品使用者上；品牌形象，其訊息重點放在發展品牌特有形象上；以及使用時機，其訊息重點放在產品使用的適當情況。感性訴求以情感的方式呈現透過上述三種呈現方式傳達給消費者，使消費者在購買的過程中被動性的被其所影響。

此外，消費者購買的動機是多元化的，可能因為各種不同的需求而產生了各種可能的需求，有了需求，購買動機就產生了。感性訴求之廣告影響與消費者購買動機之間存在其適用關係，以知識刺激為動機之消費者以達到獲得資訊，累積見聞為主；以社會認定為動機之消費者是為了被產品或品牌的目標族群所認定；以滿足感受為動機之消費者是為了知覺上的滿足。

感性訴求廣告的廣告效果實為廣告溝通效果的範圍，衡量廣告效果對廣告的規劃與控制有很大的助益，不論是在廣告前或是廣告後都有存在的必要性。一般而言，在廣告製作前，都會先制訂出廣告目標，而在廣告完成後，如果沒有去測試廣告目標的達成情形，如此就不知道廣告的目的是否達成。

消費行為背後的購買動機是深受許多因素的影響的，但如何利用廣告表現方式將消費者購買動機付諸行動，一直是廣告主所急於瞭解的。大部分的訊息表達手法可分成傳送性與儀式性這兩種觀點，這樣的分類方式也就是將廣告行銷方式歸類為理性訴求與感性訴求兩大類別，其中感性訴求的儀式性觀點界定了三種概念，分別為自我心理策略，其在於滿足消費者自我實現或虛榮心的需求；社會價值策略，其在於滿足消費者獲得社會認同或尊敬的需求；以及感官滿足策略，其在於提供消費者能從身體五感官上獲得快樂。

本研究在探討消費者動機及涉入理論後，以傳播學為基礎將感性訴求廣告的範圍延伸，以感性廣告的三大策略藉由運動商品化趨勢及運動廣告大量問世的前提之下，探討感性訴求運動廣告對於國內消費者購買動機以及產品涉入其中之微妙關係。

第參章　研究方法

本章共分為五節，第一節介紹本研究架構，並說明各變項之間的關係以及測量統計方法，藉此探討感性訴求之運動廣告對於消費者行為之影響；第二節中將研究施測之對象與抽樣程式以步驟之方式加以說明；第三節介紹本研究由開始至結束之流程並加以圖示化；在第四節介紹研究之工具，並針對問卷的細部問題加以說明；於第五節介紹施測資料該如何處理，並針對研究問題對照不同之統計方法加以解釋說明。

第一節　研究架構

本研究依據研究目的，配合研究方法及研究變項，共分為三個部分，藉此探討感性訴求之運動廣告對於消費者行為之影響。本研究架構圖如圖3-1所示：

第二節　研究對象與抽樣

本研究在對象與抽樣程序上，是依據下列四個步驟所進行研究：

一、界定母體

本研究所要調查對象為可能購買運動產品之消費者，根據2004臺灣地區運動產業名錄顯示，臺灣僅運動用品販售業數量就高達

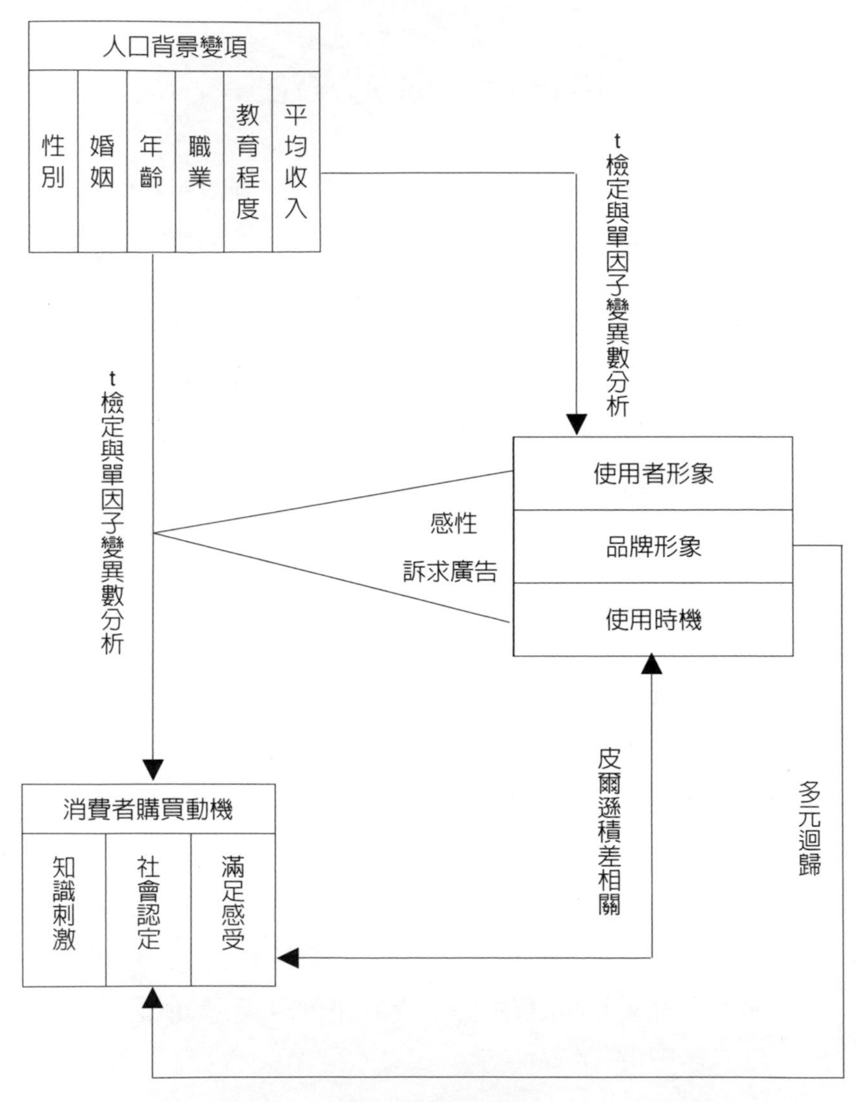
人口背景變項
性別
婚姻
年齡
職業
教育程度
平均收入
t檢定與單因子變異數分析
t檢定與單因子變異數分析
使用者形象
品牌形象
使用時機
感性
訴求廣告
皮爾遜積差相關
多元迴歸
消費者購買動機
知識刺激
社會認定
滿足感受

圖3-1 研究架構

2765家。除此之外，運動產業於臺北地區分佈數量為全臺之冠，數量共有1380家，因此將研究母體定義為臺北市運動用品專賣旗艦店之消費者，亦可抽得較具代表性之樣本。

二、確定抽樣對象與範圍架構

本研究針對2006年3月17日至2006年3月25日間，於北市運動用品專賣旗艦店參觀或消費並且年滿18歲之消費者為研究對象。

三、選擇抽樣方法

由於母體龐大，限於時間、人力與成本等因素限制，本研究選擇適合搭配賣場訪問調查的方便取樣（Convenient-sampled）的方式進行。

四、選擇樣本單位及蒐集樣本資料

本研究針對2006年3月17日民2006年3月25日之間，於臺北市運動用品專賣旗艦店參觀或消費且年滿18歲之消費者進行調查，本研究賣場訪問調查方法是採用先收看隨機選取號碼球所挑選出之感性訴求運動廣告，之後再填寫問卷的方式進行。研究針對受試者所播放之廣告是以臺灣CF歷史資料館收錄之廣告MPEG檔案資料，期間為2005年5月以前收錄之運動廣告，並挑選出13則感性訴求之運動廣告為主，並將這13則廣告加以編號並製作號碼球1～13號由受試者隨機抽選，受試者於看完影像後再填寫問卷。

五、樣本數之決定

樣本數決定乃參考林恩霈（2003）於臺北市撞球運動消費者生活型態、個人價值觀與消費者行為之研究中以「絕對精確度法」估算所需樣本數，在簡單隨機抽樣的條件下，使用的確定調查樣本量的基本公式為：

$$n = \frac{Z^2S^2}{d^2}$$

其中：n代表所需要樣本量；z值表示置信水準下的z統計量，如95%置信水準的z統計量為1.96，99%的z為2.68；s代表總體的標準差；d代表置信區間的1/2，在實際應用中就是容許誤差，或者調查誤差。對於比例型變數，確定樣本量的基本公式為：

$$n = \frac{Z^2p(1-p)}{d^2}$$

其中：n表示樣本量；z表示置信水準下的z統計量，如95%置信水準的z統計量為1.96，99%的為2.68；p表示目標總體的比例期望值；d表示置信區間的半寬，即調查誤差。

在實際實驗決定樣本數時，一些參數可以事先確定的：z值取決於置信水準，通常研究者可以考慮α＝.05的信度水準，那麼z＝1.96；或者取α＝99%，z＝2.68。然後可以確定容許誤差d（精確度），即我們可以根據實際情況指定置信區間的半寬度d。

$$n \geq \left[\frac{1.96 * \sqrt{0.5 - (1 - 0.5)}}{0.05}\right]^2$$

$$n \geq 384.16 \cong 385$$

因此，公式應用的關鍵是如何確定總體的標準差s，如果可以估計出總體的方差（標準差），即可以根據公式計算出抽取之數量。

由以上公式計算可知，有效問卷數需達385份以上才能確保研究之精確度，如受試過程中遭遇拒訪則再以隨機之方式挑選下一位受試者，一直到消費者樣本取樣額滿為止。

六、抽樣程序與調查程序

本研究採賣場訪問調查的方式進行，並於2006年3月11日進行預試，共發出問卷70份，收回有效問卷60份，有效問卷比率為85.7%。並於修改問卷之後進行正式施測，本研究共計發出問卷500份（不包含預試問卷），回收問卷410份，回收率為82.0%，扣除空白問卷、填答不完整或有規　填寫之無效問卷，計得有效問卷為390份，有效問卷比率為78.0%。本研究受訪對象之問卷回收情況如表3-2所示。

表3-2　本研究問卷回收狀況表

抽樣類別	發出份數	回收份數	回收率（%）	有效份數	有效問卷比率（%）
預試抽樣	70	65	92.9	60	85.7
正式抽樣	500	410	82.0	390	78.0

第三節　研究流程

本研究流程如圖3-2所示，首先確定研究主題，然後進行國內外相關文獻之探討，經過資料分析後再擬定研究架構，接著編製研究問卷並做預試，以考驗問卷的信度與效度，最後將正式問卷發放及回收，將資料歸納與彙整，進行統計分析，並提出結論與建議。

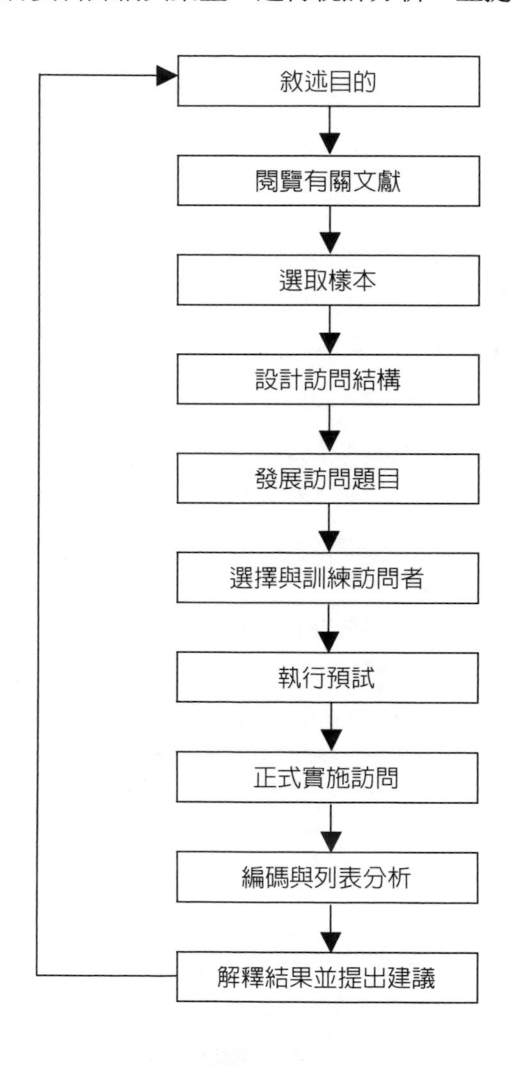

圖3-2 研究流程圖

第四節　研究工具

本研究針對樣本所施測播放之廣告是以臺灣CF歷史資料館收錄之資料，期間為2005年5月以前收錄之相關運動產品廣告，經對臺灣藝術學院傳播學系兩位教授問卷調查後（如附錄三所示），在72篇中挑選出13則最符合感性訴求之運動廣告。而在調查問卷方面，本研究是以參考相關文獻為依據並自編而成的「感性訴求廣告與消費者產品涉入及購買動機研究問卷」（如附錄一所示）進行賣場訪談調查研究，以下就問卷各個部分進行說明：

一、人口背景變項

本研究以最常被列入研究的人口背景變項，此部份主要衡量消費者之特徵，分別為性別、婚姻、年齡、職業、教育程度、平均收入等六個問項。

(一) 性別：此部分由訪員選取受試者時，自行填寫。

(二) 婚姻狀況：分為已婚及未婚兩個部分。

(三) 年齡：18～24歲；25～34歲；35～44歲；45～54歲；55歲以上等五個級距。

(四) 職業：在職業的選項上，參考Yahoo奇摩的網路調查羅列的職業選項，包括：資訊業、行政公務人員、教職人員、製造運輸業、營建業、農林漁牧礦業、自由業、傳播業、社會服務業、軍警人員、家管、醫護人員、金融服務業、學生、待業中、其他等選項。

(五) 教育程度：分為國小以下；國（初）中；高中（職）；大專；研究所以上五項。

(六) 每月收入：分成15,000以下；15,001～30,000以內；30,001～50,000以內；50,001～70,000以內；70,001以上五個級距。

二、感性訴求策略

感性訴求廣告是著重在消費者心理、社會或象徵的需求上，許多消費者的購買動機是來自於情感上的，所以消費者對產品的感覺比對產品屬性的知識還來的重要。感性訴求廣告並不提供消費者產品使用的資訊線索，而是建構了生活形態的圖像，將地位聲譽、社會互動與消費者相連結。本研究依據黃守聰（2004）對於產品涉入程度、品牌權益、感性訴求廣告與購買意願關係之研究之調查問卷，將運用感性訴求策略之運動廣告表現方式分為三個部分加以編製問卷，分別為：使用者形象（user image）；品牌形象（brand image）；使用時機（use occasion）。

（一）使用者形象（user image）

訊息重點放在產品使用者上。利用鮮明的使用者角色，塑造獨特的使用形象，讓消費者在回憶（recall）廣告甚至購買決策時，能夠受廣告中使用者的形象所影響。

衡量方法採用李克特五分量表，衡量受測者是否正確知覺到運動廣告中的感性訴求策略。在量表的編製上以1到5的方式表示，分數愈高，代表受測者對於運動廣告感性訴求策略的「使用者形象」表現方式知覺愈是明確清楚。在使用者形象部分共有四題分別為：

1、我覺得運動廣告中，角色所詮釋的人物很特別。

2、我對運動廣告中角色的（運動種類）印象深刻。

3、我覺得運動廣告中角色的說詞（旁白或表現）讓我很認同。

4、我覺得運動廣告中的角色很適合搭配於相關運動產品。

（二）品牌形象（brand image）

訊息重點放在發展品牌特有形象上。品牌形象是指存在於消費者於接觸廣告之後，記憶中與品牌相連的聯想。

衡量方法採用李克特五分量表，分數愈高，代表受測者對於感性訴求策略的「品牌形象」表現方式之知覺愈是明確清楚。品牌形象部份共有三題分別為：

1、拋除個人經驗，我覺得運動廣告中的品牌很親切。

2、拋除個人經驗，我覺得運動廣告中的品牌很專業。

3、我覺得運動廣告中的品牌讓我有所感受。

（三）使用時機（use occasion）

訊息重點放在產品使用的適當情況。廣告不表明產品的特性及功能，而是塑造產品使用的獨特時機或情境，使消費者聯想在廣告情境中，自己也可使用廣告中的產品。

衡量方式採用李克特五分量表，分數愈高，代表受測者對於感性訴求策略的「使用時機」表現方式之知覺愈是明確清楚。使用時機部分共有三題分別為：

1、如果遇到廣告中的情境，搭配使用之相關產品是很適合的。

2、如果遇到廣告中的情境，我也會希望使用該相關運動產品。

3、在實際生活中，我會希望使用相關運動產品以達到廣告中的情境。

三、購買動機

「動機」是驅使人從事各種活動的原因，本研究之購買動機量表在量表編製前，針對天主教輔仁大學體育學系大學部之學生共計一百人，實施消費者運動產品購買動機之調查，再根據Rossiter & Percy（1991）提出消費者購買感性訴求廣告中產品或品牌的動機，包含增廣見聞（intellectual stimulation）、社會認同（social approval）、滿足感受（sensory gratification）等動機，並依照三部分之主題綜合整理編製出本研究之消費者購買動機量表。

（一）知識刺激（intellectual stimulation）

指受測者購買運動產品的動機是為了獲得資訊，累積見聞。衡量方式採用李克特五分量表，以衡量受測者購買感性訴求廣告中產品或品牌的動機是否為「知識刺激」。在量表的編製上從「非常同意」至「非常不同意」，分別依1、2、3、4、5給分，分數愈高，代表受測者對於購買感性訴求廣告中產品或品牌的動機為「知識刺激」愈是明確清楚。

（二）社會認定（social approval）

指受測者購買運動產品的動機為了被行動電話服務的目標族群所認同。衡量方式採用李克特五分量表分數愈高，代表受測者對於購買感性訴求廣告中產品或品牌的動機為「社會認同」愈是明確清楚。

（三）滿足感受（sensory gratification）

指受測者購買運動產品的動機是為了滿足知覺上的感受。衡量方式採用李克特五分量表，分數愈高，代表受測者對於購買感性訴求廣告中產品或品牌的動機為「滿足感受」愈是明確清楚。

四、問卷量表檢測

根據預試問卷所得資料進行項目分析、因素分析與信度分析，以考驗問卷的效度與信度，以下說明之。

（一）項目分析

本研究將預試問卷回收之資料，經電子化建檔，即將廣告訴求策略與消費者購買動機兩部份量表分別進行項目分析，求得各題之決斷值CR，來判別其是否刪除題項，並鑑定題項是否擁有其鑑別力，如表3-3及表3-4所示。將其中消費者產品購買動機量表之第2題項刪除後，保留其於18個題目。

表3-3　廣告感性訴求認知項目分析摘要表

構面	題項	決斷值（CR值）
使用者形象	1.我覺得運動廣告中，角色所詮釋的人物很特別。	5.49*
	2.我對運動廣告中角色的（運動種類）印象深刻。	0.17
	3.我覺得運動廣告中角色的說詞（旁白或表現）讓我很認同。	8.30*
	4.我覺得運動廣告中的角色很適合搭配於相關運動產品。	2.58*

品牌形象	1.拋除個人經驗，我覺得運動廣告中的品牌很親切。	3.88*
	2.拋除個人經驗，我覺得運動廣告中的品牌很專業。	2.62*
	3.我覺得運動廣告中的品牌讓我有所感受。	2.57*
使用時機	1.如果遇到廣告中的情境，搭配使用之相關產品是很適合的。	8.91*
	2.如果遇到廣告中的情境，我也會希望使用該相關運動產品。	4.87*
	3.在實際生活中，我會希望使用相關運動產品以達到廣告中的情境。	8.91*

*p<.05

表3-4　消費者購買動機項目分析摘要表

構面	題項	決斷值（CR值）
知識刺激	1.我購買運動產品是基於想嘗試新發明的產品功能。（例如：彈簧鞋、人工排汗纖維等）	4.87*
	2.我購買運動產品是基於想更瞭解產品的性能與相關資訊。	2.86*
	3.我購買運動產品是基於想參與相關產品之活動。（例如：贈獎活動、禮遇機會、比賽等）	3.07*
社會認定	1.我購買運動產品是基於想獲得他人的認同。	2.87*
	2.我購買運動產品是基於想跟上流行。	4.60*
	3.我購買運動產品是基於能與他人進一步溝通。	2.87*
滿足感受	1.我購買運動產品是基於能提升更優良的運動質量。	3.74*
	2.我購買運動產品是基於能享受運動產品之功能。	3.84*
	3.我購買運動產品是基於能夠達到自我的滿足。	3.54*

*p<.05

（二）因素分析

本研究經過因素分析之後，刪除涵蓋層面太少或不適宜成分的題目。由於本問卷量表乃根據廣告訴求及購買動機相關領域及討論課題發展而成，因此量表採用分層單獨進行因素分析法，使用主成分分析法（principal component analysis），並以最大變異法（varimax）進行轉軸，在各層面上均萃取一個因素。其各因素取樣適切性量數其結果KMO值（Kaiser-Meyer-Olkin of Sampling Adequacy）在廣告感性訴求策略部份之第一因素KMO值為.80；第二因素為.81；第三因素為.84。在消費者購買動機部份之第一因素KMO值為.85；第二因素為.87；第三因素為.90，顯示各因素間並無不適合做因素分析者，大於.80，即表示變項之間「適合」進行因素分析（吳明隆，2003）。

最後整理出廣告感性訴求策略之使用者形象3題、廣告感性訴求策略之品牌形象3題、廣告感性訴求策略之使用時機3題、購買動機之知識刺激3題、購買動機與社會認定3題、購買動機與滿足感受3題，共計18題，各項因素分析列於表3-5及表3-6：

表3-5　廣告感性訴求策略之因素分析摘要表

因素名稱	題號	因素負荷量	特徵值	累積解釋變異量%
感性訴求策略之使用者形象	1	0.80	1.60	53.36
	3	0.80		
	4	0.75		
感性訴求策略之品牌形象	5	0.89	1.88	62.71
	6	0.80		
	7	0.66		
感性訴求策略之使用時機	10	0.97	2.49	82.83
	8	0.97		
	9	0.78		

表3-6 消費者產品購買動機之因素分析摘要表

因素名稱	題號	因素負荷量	特徵值	累積解釋變異量%
購買動機之知識刺激	13	0.90	1.75	58.31
	12	0.88		
	11	0.70		
購買動機之社會認定	14	0.98	2.74	91.23
	16	0.97		
	15	0.90		
購買動機之滿足感受	17	0.95	3.49	92.83
	19	0.93		
	18	0.90		

（三）信度分析

本研究問卷之信度分析以Cronbach α係數考驗之，分為廣告感性訴求策略認知量表，以及消費者產品購買動機認知量表兩部份加以檢測，預試與正式施測的α值如表3-7及3-8所示：

表3-7 廣告感性訴求策略認知量表之Cronbach α值

因素名稱	預試Cronbach α值	正式施測Cronbach α值
感性訴求策略之使用者形象	.85	.87
感性訴求策略之品牌形象	.80	.87
感性訴求策略之使用時機	.83	.84
總量表	.86	.95

表3-8　消費者產品購買動機認知量表之Cronbach α值

因素名稱	預試Cronbach α值	正式施測Cronbach α值
購買動機與知識刺激	.83	.87
購買動機與社會認定	.80	.92
購買動機與滿足感受	.78	.90
總量表	.85	.96

由表3-7及表3-8得知，在預試階段各層的內部一致性α係數均接近.80或在.80以上，總量表達.84以上。根據Henson認為，編製預試問卷時，信度係數在.50至.60已足夠（吳明隆，2003），因此本研究在預試時的測驗分數是可信賴的。

第五節　資料處理方法

本研究之資料處理以套裝軟體SPSS 10.0 for Windows進行統計與分析。以下就本研究中資料處理的方式進行說明：

一、以描述性統計處理，使用次數分配及百分比，分析消費者背景資料的分佈情形，並求出各變項的平均數及標準差，進而瞭解消費者對運動產品之購買動機。

二、以t檢定與單因數變異數分析檢驗，瞭解不同特性之消費者族群、購買動機之差異情形。

三、以皮爾遜積差相關法瞭解感性訴求廣告與購買動機之關聯性。

四、以多元迴歸法探討感性訴求策略對消費者購買動機的預測情形。

五、本研究各項假設之考驗顯著水準均訂為α＝.05。

第肆章　結果與討論

本章旨在依據研究目的來陳述與討論本研究實際資料分析所獲得的研究結果，內容共分為八節，第一節為運動用品專賣旗艦店消費者之人口統計變項分佈情況；第二節為消費者對運動廣告感性訴求策略之體認情形分析；第三節為消費者對運動產品購買動機體認情形分析；第四節為人口統計變項運動廣告感性訴求策略上之差異情形；第五節為人口統計變項在運動產品購買動機上之差異情形；第六節為廣告感性訴求策略與購買動機之相關情形；第七節為運動廣告感性訴求策略對消費者購買動機之預測分析;第八節綜合討論。

第一節　運動用品旗艦店消費者之人口統計變項分佈情況

為瞭解本研究中消費者之人口特性，依據問卷所得資料「個人背景資料」加以分析，其結果如表4-1：

表4-1　臺北市運動用品專賣旗艦店之消費者人口統計變項分佈情形表

背景變項	項目	（n＝390）	
		人數	百分比%
性別	男性	223	57.18
	女性	167	42.82
婚姻狀況	已婚	149	38.21
	未婚	241	61.79

年齡	18歲－24歲	117	30.00
	25歲－34歲	181	46.41
	35歲－44歲	52	13.33
	45歲－54歲	33	8.46
	55歲以上	7	1.79
教育程度	國小以下	8	2.05
	國（初）中	29	7.44
	高中（職）	210	53.85
	大專	124	31.79
	研究所以上	19	4.87
職業	資訊類	5	1.28
	行政公務人員	13	3.33
	教職人員	13	3.33
	製造運輸業	15	3.85
	營建業	5	1.28
	自由業	25	6.41
	傳播業	25	6.41
	社會服務業	10	2.56
	軍警人員	20	5.13
	家管	20	5.13
	金融服務業	21	5.38
	醫護人員	6	1.54
	農林漁牧礦業	16	4.10
	待業中	16	4.10
	學生	180	46.15

平均月收入	15,000元以下	147	37.69
	15,001-30,000元以內	132	33.85
	30,001-50,000元以內	50	12.82
	50,001-70,000元以內	58	14.87
	70,001元以上	3	0.77

就表4-1的結果，臺北市運動用品專賣旗艦店消費者之特質分析，在性別分佈情形中，男性有223人（57.18%），女性為167人（48.82%）。在婚姻狀況分佈情形中，已婚人數為149人（38.21%），未婚人數為241人（61.79%）。在年齡的分佈情形中，以25－34歲共181人（46.341%）為最多，依序為以18－24歲共117人（30.00%），35－44歲52人（13.33%），45－54歲33人（8.46%），55歲以上7人（1.79%）。在職業的分佈情形中，以學生共180人（46.15%）為最多，依序為自由業25人（6.41%），傳播業25人（6.41%），金融服務業21人（5.38%），軍警人員20人（5.13%），家管20人（5.13%），農林漁牧礦業16人（4.1%），待業中16人（4.1%），製造運輸業15人（3.85%），教職人員13人（3.33%），行政公務人員13人（3.33%），社會服務業10人（2.56%），醫護人員6人（1.54%），資訊業5人（1.28%），營建業2人（1.28%）。在教育程度的分佈情形中，以高中（職）210人（53.85%）為最多，依序為大專共124人（31.97%），國（初）中29人（7.44%），研究所以上19人（4.87%），國小以下8人（2.05%）。在每月收入的分佈情形中，以15,000以下共147人（37.69%）為最多，依序為15,001－30,000共132人（33.85%），50,001－70,000元以內58人（14.87%），30,001－50,000元以內50人（12.82%），70,001元以上3人（0.77%）。

第二節　消費者對運動廣告感性訴求策略之體認情形分析

本節旨在瞭解臺北市運動用品專賣旗艦店之消費者對運動廣告感性訴求策略之體認情形，並比較對運動廣告感性訴求策略之各屬性體認程度排名。

一、運動廣告感性訴求策略之使用者形象體認情形分析

本部份目的在透過運動廣告感性訴求策略之使用者形象體認程度排名順序分析，瞭解消費者對運動廣告感性訴求策略之使用者形象構面之相對重要性為何。經過統計運算後以平均數表示其對運動廣告感性訴求策略之使用者形象構面體認程度，分數越高代表受測者對於運動廣告感性訴求策略的使用者形象表現方式體認愈是明確清楚，詳如表4-2。

表4-2　運動廣告感性訴求策略之使用者形象體認程度表

消費者對運動廣告感性訴求策略之使用者形象體認題項	平均數	標準差
1.我覺得運動廣告中，角色所詮釋的人物很特別。	3.99	0.57
2.我覺得運動廣告中角色的說詞（旁白或表現）讓我很認同。	3.99	0.59
3.我覺得運動廣告中的角色很適合搭配於相關運動產品。	4.01	0.57

就表4-2結果顯示，消費者對於運動廣告感性訴求策略之使用者形象構面之「我覺得運動廣告中的角色很適合搭配於相關運動產品」體認為最高，而體認最低之項目為「我覺得運動廣告中，角色所詮釋的人物很特別。」。

二、運動廣告感性訴求策略之品牌形象體認情形分析

本部份目的在透過運動廣告感性訴求策略之可靠度體認程度排名順序分析，瞭解消費者對運動廣告感性訴求策略之品牌形象構面之相對重要性為何。經過統計運算後以平均數表示消費者對運動廣告感性訴求之品牌形象構面體認程度，分數越高代表受測者對於感性訴求策略的品牌形象表現方式之知覺愈是明確清楚，詳如表4-3。

表4-3　運動廣告感性訴求策略之品牌形象體認程度表

消費者對運動廣告感性訴求策略之品牌形象體認題項	平均數	標準差
1.拋除個人經驗，我覺得運動廣告中的品牌很親切。	3.97	0.57
2.拋除個人經驗，我覺得運動廣告中的品牌很專業。	4.00	0.55
3.我覺得運動廣告中的品牌讓我有所感受。	3.98	0.58

就表4-3結果顯示，消費者對於運動廣告感性訴求策略之品牌形象構面之「拋除個人經驗，我覺得運動廣告中的品牌很專業」體認為最高，而體認最低之項目為「拋除個人經驗，我覺得運動廣告中的品牌很親切」。

三、運動廣告感性訴求策略之使用時機體認情形分析

本部份目的在透過運動廣告感性訴求策略之使用時機體認程度排名順序分析，瞭解消費者對運動廣告感性訴求策略之使用時機構面之相對重要性為何。經過統計運算後以平均數表示消費者對動廣告感性訴求策略之使用時機構面體認程度，分數越高代表受測者對於感性訴求策略的使用時機表現方式之知覺愈是明確清楚，詳如表4-4。

表4-4　運動廣告感性訴求策略之使用時機體認程度表

消費者對運動廣告感性訴求策略之使用時機體認題項	平均數	標準差
1.如果遇到廣告中的情境，搭配使用之相關產品是很適合的。	4.03	0.52
2.如果遇到廣告中的情境，我也會希望使用該相關運動產品。	4.06	0.60
3. 在實際生活中，我會希望使用相關運動產品以達到廣告中的情境。	4.02	0.55

就表4-4結果顯示，消費者對於運動廣告感性訴求策略之使用時機構面之「如果遇到廣告中的情境，我也會希望使用該相關運動產品」體認為最高，而體認最低之項目為「在實際生活中，我會希望使用相關運動產品以達到廣告中的情境」。

四、消費者對運動廣告感性訴求策略之三構面體認分析

本部份目的在瞭解消費者對運動廣告感性訴求策略之三構面體認程度排名順序分析，瞭解消費者對運動廣告感性訴求策略之三構面體認之相對重要性為何。經過統計運算後以平均數表示消費者對三大構面的認知程度，分數越高代表消費者對此構面及項目認知越高，詳如表4-5。

表4-5　消費者對運動廣告感性訴求策略之三構面體認程度表

消費者對運動廣告感性訴求策略三大構面與認知題項	平均數	標準差	排序	排序
第一構面—使用者形象	3.99	0.51		2
1. 我覺得運動廣告中，角色所詮釋的人物很特別。	3.987	0.57	7	
2. 我覺得運動廣告中角色的說詞（旁白或表現）讓我很認同。	3.99	0.59	6	

3. 我覺得運動廣告中的角色很適合搭配於相關運動產品。	4.01	0.57	4	
第二構面—品牌形象	3.98	0.51		3
1. 拋除個人經驗，我覺得運動廣告中的品牌很親切。	3.97	0.57	9	
2. 拋除個人經驗，我覺得運動廣告中的品牌很專業。	4.00	0.55	5	
3. 我覺得運動廣告中的品牌讓我有所感受。	3.98	0.58	8	
第三構面—使用時機	4.04	0.48		1
1. 如果遇到廣告中的情境，搭配使用之相關產品是很適合的。	4.03	0.52	2	
2. 如果遇到廣告中的情境，我也會希望使用該相關運動產品。	4.06	0.60	1	
3. 在實際生活中，我會希望使用相關運動產品以達到廣告中的情境。	4.02	0.55	3	

構面排序：1＞2＞3。

就表4-5結果顯示，消費者對運動廣告感性訴求策略之三構面之「使用時機」認知為最高，而其餘兩構面認知較低。消費者對運動廣告感性訴求策略體認之題項部分，最重視運動廣告感性訴求策略體認前三項依序為：「如果遇到廣告中的情境，我也會希望使用該相關運動產品」，「如果遇到廣告中的情境，搭配使用之相關產品是很適合的」以及「在實際生活中，我會希望使用相關運動產品以達到廣告中的情境」；而認知最低之運動廣告感性訴求策略三項依序為：「我覺得運動廣告中，角色所詮釋的人物很特別」，「我覺得運動廣告中的品牌讓我有所感受」以及「拋除個人經驗，我覺得運動廣告中的品牌很親切」。

第三節　消費者對運動產品購買動機體認知情形分析

本節旨在瞭解臺北市運動用品旗艦店消費者購買運動產品動機之屬性認知程度，並比較消費者對購買運動產品動機之各屬性認知程度排名。

一、知識刺激構面認知程度分析

本部份目的在透過購買動機之知識刺激構面認知程度排名順序分析，瞭解消費者對運動用品之購買動機知識刺激構面之相對重要性為何。經過統計運算後以平均數表示消費者對知識刺激的認知程度，分數越高代表消費者對此知識刺激之項目認知越高，詳如表4-6。

表4-6　消費者購買動機之知識刺激構面認知程度表

消費者購買動機知識刺激認知題項	平均數	標準差
1.我購買運動產品是基於想嘗試新發明的產品功能。	4.04	0.54
2.我購買運動產品是基於想更瞭解產品的性能與相關資訊。	3.99	0.56
3.我購買運動產品是基於想參與相關產品之活動	3.96	0.55

就表4-6結果顯示，消費者對運動產品購買動機之知識刺激構面之「我購買運動產品是基於想嘗試新發明的產品功能」認知為最高，而認知最低之項目為「我購買運動產品是基於想參與相關產品之活動」。

二、社會認定構面認知程度分析

本部份目的在透過購買動機之社會認定構面認知程度排名順序分析，瞭解消費者對運動用品之購買動機社會認定構面之相對重要性為何。經過統計運算後以平均數表示消費者對社會認定的認知程度，分數越高代表消費者對此社會認定之項目認知越高，詳如表4-7。

表4-7　消費者購買動機之社會認定構面認知程度表

消費者購買動機社會認定認知題項	平均數	標準差
1.我購買運動產品是基於想獲得他人的認同。	3.99	0.55
2.我購買運動產品是基於想跟上流行。	4.01	0.57
3.我購買運動產品是基於能與他人進一步溝通。	3.97	0.57

就表4-7結果顯示，消費者對運動產品購買動機社會認定構面之「我購買運動產品是基於想跟上流行」認知為最高，而認知最低之項目為「我購買運動產品是基於能與他人進一步溝通」。

三、滿足感受構面認知程度分析

本部份目的在透過購買動機之滿足感受構面認知程度排名順序分析，瞭解消費者對運動用品之購買動機滿足感受構面之相對重要性為何。經過統計運算後以平均數表示消費者對滿足感受的認知程度，分數越高代表消費者對此滿足感受之項目認知越高，詳如表4-8。

就表4-8結果顯示，消費者對運動產品購買動機滿足感受構面之「我購買運動產品是基於能提升更優良的運動質量」為最高，而最低之項目為「我購買運動產品是基於能夠達到自我的滿足」。

表4-8 消費者購買動機之滿足感受構面認知程度表

消費者購買動機社會認定認知題項	平均數	標準差
1.我購買運動產品是基於能提升更優良的運動質量。	4.02	0.52
2.我購買運動產品是基於能享受運動產品之功能。	3.98	0.57
3.我購買運動產品是基於能夠達到自我的滿足。	3.96	0.57

四、消費者購買動機三構面認知分析

本部份目的在透過購買動機之三構面認知程度排名順序分析，瞭解消費者對運動用品之購買動機三構面之相對重要性為何。經過統計運算後以平均數表示消費者對三大構面的認知程度，分數越高代表消費者對此構面及項目認知越高，詳如表4-9。

表4-9 消費者購買動機三構面認知程度表

消費者購買動機三大構面與認知題項	平均數	標準差	排序	排序
第一構面—知識刺激	3.99	0.49		1
1. 我購買運動產品是基於想嘗試新發明的產品功能。	4.04	0.54	1	
2. 我購買運動產品是基於想更瞭解產品的性能與相關資訊。	3.99	0.56	4	
3. 我購買運動產品是基於想參與相關產品之活動。	3.96	0.55	8	
第二構面—社會認定	3.99	0.52		2
1. 我購買運動產品是基於想獲得他人的認同。	3.99	0.55	5	
2. 我購買運動產品是基於想跟上流行。	4.01	0.57	3	
3. 我購買運動產品是基於能與他人進一步溝通。	3.97	0.57	7	

第三構面－滿足感受	3.99	0.51		3
1. 我購買運動產品是基於能提升更優良的運動質量。	4.02	0.52	2	
2. 我購買運動產品是基於能享受運動產品之功能。	3.98	0.57	6	
3. 我購買運動產品是基於能夠達到自我的滿足。	3.96	0.57	9	

構面排序：1＞2＞3。

就表4-9結果顯示，消費者對運動產品購買動機三構面之「知識構面」認知為最高，而其餘兩構面認知較低。消費者購買動機認知題項部分，最重視之運動產品購買動機前三項依序為：「我購買運動產品是基於想嘗試新發明的產品功能」，「我購買運動產品是基於能提升更優良的運動質量」以及「我購買運動產品是基於想跟上流行」；而認知最低之運動產品購買動機三項依序為：「我購買運動產品是基於能與他人進一步溝通」，「我購買運動產品是基於想參與相關產品之活動」以及「我購買運動產品是基於能夠達到自我的滿足」。

第四節　人口統計變項對運動廣告感性訴求策略體認上之差異情形

本部份主要目的在瞭解不同人口統計變項的受試者在運動廣告感性訴求策略體認上有何差異。首先採用獨立樣本t檢定分析性別及婚姻狀況在運動廣告感性訴求策略體認上之差異情形，再採用單因子變異數分析來檢測年齡、職業、教育程度及平均月收入在運動廣告感性訴求策略體認上之差異情形，若達顯著水準則使用雪費法進行事後比較。

一、不同性別之消費者在運動廣告感性訴求策略體認上之差異分析：

在男女受試樣本中，對運動廣告感性訴求策略認知三構面之認知差異情形經獨立樣本t檢定加以分析，其結果如表4-10所示。

表4-10　性別在運動廣告感性訴求策略認知三構面之差異分析表

感性訴求策略構面	性別	平均數	標準差	t值
使用者形象	男	4.13	0.41	6.48*
	女	3.81	0.58	
品牌形象	男	4.14	0.41	7.31*
	女	3.78	0.56	
使用時機	男	4.19	0.39	7.57*
	女	3.84	0.53	

*p<.05

就表4-10結果顯示，性別在運動廣告感性訴求策略三個構面均達顯著水準（p<.05），由此可得知不同性別之受試者在運動廣告感性訴求策略認知上是有所差異的，且男性高於女性。

二、不同婚姻狀況之消費者在運動廣告感性訴求策略體認之差異分析

在不同婚姻狀況之消費者受試樣本中，對運動廣告感性訴求策略認知之三構面體認差異情形經獨立樣本t檢定加以分析，其結果如表4-11所示。

表4-11　婚姻狀況在運動廣告感性訴求策略認知三構面之差異分析表

感性訴求策略構面	婚姻狀況	平均數	標準差	t值
使用者形象	已婚	4.10	0.53	3.18*
	未婚	3.93	0.49	
品牌形象	已婚	4.09	0.55	3.21*
	未婚	3.92	0.47	
使用時機	已婚	4.13	0.51	3.01*
	未婚	3.98	0.46	

*$p<.05$

就表4-11結果顯示，婚姻狀況在運動廣告感性訴求策略認知三構面均達顯著水準（$p<.05$），由此可得知不同婚姻狀況之受試者在運動廣告感性訴求策略認知上是有所差異的，且已婚高於未婚。

三、不同年齡層之消費者在運動廣告感性訴求策略體認上之差異分析

在不同年齡層之消費者受試樣本中，對運動廣告感性訴求策略認知之三構面體認差異情形透過單因子變異數分析，其結果如表4-12所示。

表4-12　年齡在運動廣告感性訴求認知三構面之差異分析表

感性訴求策略構面	年齡（歲）	平均數	標準差	F值	事後比較
使用者形象	18歲－24歲	3.76	0.34	59.28*	18-24 歲 <45 歲 以上，25-34歲<35-44歲<55歲以上
	25歲－34歲	3.87	0.36		
	35歲－44歲	4.09	0.50		

	45歲－54歲	4.86	0.32		
	55歲以上	5.00	0.00		
品牌形象	18歲－24歲	3.77	0.32	50.85*	18-24 歲 <35 歲 以上，45-54歲>45歲以下
	25歲－34歲	3.88	0.39		
	35歲－44歲	4.01	0.51		
	45歲－54歲	4.83	0.34		
	55歲以上	5.00	0.00		
使用時機	18歲－24歲	3.80	0.38	61.21*	18-24 歲 <25-34 歲 <45歲以上，35-44歲<45歲以下
	25歲－34歲	3.95	0.32		
	35歲－44歲	4.00	0.49		
	45歲－54歲	4.84	0.32		
	55歲以上	5.00	0.00		

*p<.05

就表4-12結果顯示，年齡在「感性訴求策略」三個構面達顯著水準（p<.05），進一步的事後比較發現，在使用者形象構面18－24歲<45歲以上，25－34歲<35－44歲<55歲以上；品牌形象構面18－24歲<35歲以上，45－54歲>45歲以下；使用時機構面18－24歲<25－34歲<45歲以上，35－44歲<45歲以下。

四、不同職業之消費者在運動廣告感性訴求策略體認之差異分析

在不同職業之消費者受試樣本中，運動廣告感性訴求策略認知之三構面體認差異情形透過單因子變異數分析，其結果如表4-13。

表4-13　職業在運動廣告感性訴求策略認知三構面之差異分析表

感性訴求策略構面	職業	平均數	標準差	F值	事後比較
使用者形象	資訊類	5.00	0.00	9.56	資訊類和家管>農林漁牧礦業、待業中和學生，行政公務人員和傳播業>林漁牧礦業和待業中
	行政公務人員	4.46	0.52		
	教職人員	4.13	0.17		
	製造運輸業	4.11	0.16		
	營建業	4.07	0.15		
	自由業	4.04	0.11		
	傳播業	4.29	0.46		
	社會服務業	4.03	0.11		
	軍警人員	4.12	0.16		
	家管	4.47	0.55		
	金融服務業	3.98	0.25		
	醫護人員	3.83	0.41		
	農林漁牧礦業	3.48	0.34		
	待業中	3.42	0.36		
	學生	3.90	0.55		
品牌形象	資訊類	5.00	0.00	11.84	資訊類和家管>農林漁牧礦業、待業中和學生
	行政公務人員	4.46	0.52		
	教職人員	4.21	0.17		
	製造運輸業	4.11	0.16		
	營建業	4.13	0.18		
	自由業	4.09	0.15		

	傳播業	4.31	0.45		
	社會服務業	4.07	0.14		
	軍警人員	4.02	0.08		
	家管	4.45	0.59		
	金融服務業	3.95	0.22		
	醫護人員	3.89	0.17		
	農林漁牧礦業	3.31	0.35		
	待業中	3.42	0.39		
	學生	3.89	0.52		
	資訊類	5.00	0.00		
	行政公務人員	4.49	0.50		
	教職人員	4.23	0.16		
	製造運輸業	4.18	0.17		
	營建業	4.20	0.18		
	自由業	4.12	0.16		
	傳播業	4.33	0.44		
使用時機	社會服務業	4.03	0.11	9.84	資訊類>金融服務業、農林漁牧礦業、待業中和學生
	軍警人員	4.03	0.10		
	家管	4.47	0.55		
	金融服務業	3.95	0.22		
	醫護人員	3.83	0.41		
	農林漁牧礦業	3.46	0.34		
	待業中	3.58	0.36		
	學生	3.96	0.51		

$^{*}p<.05$

就表4-13結果顯示，職業在運動廣告感性訴求策略認知三構面均達顯著水準（p<.05），由此得知使用者形象構面資訊類和家管>農林漁牧礦業、待業中和學生，行政公務人員和傳播業>林漁牧礦業和待業中；品牌形象構面資訊類和家管>農林漁牧礦業、待業中和學生；使用時機構面資訊類>金融服務業、農林漁牧礦業、待業中和學生。

五、不同教育程度之消費者在感性訴求策略體認上之差異分析

在不同教育程度之消費者受試樣本中，對運動廣告感性訴求策略認知三構面之認知差異情形透過單因子變異數分析後，其結果如表4-14所示。

表4-14　教育程度在運動廣告感性訴求策略認知三構面之差異分析表

感性訴求策略構面	教育程度	平均數	標準差	F值	事後比較
使用者形象	國小以下	3.75	0.39	2.40	
	國（初）中	3.92	0.34		
	高中（職）	3.95	0.53		
	大專	4.10	0.54		
	研究所以上	4.00	0.00		
品牌形象	國小以下	3.67	0.36	4.25*	大專>高中（職）
	國（初）中	3.98	0.38		
	高中（職）	3.91	0.53		
	大專	4.12	0.51		
	研究所以上	4.02	0.08		

使用時機	國小以下	4.17	0.18	2.83*	經事後比較無顯著差異
	國（初）中	4.16	0.28		
	高中（職）	3.97	0.50		
	大專	4.12	0.52		
	研究所以上	4.02	0.08		

*p<.05

就表4-14結果顯示，教育程度在運動廣告感性訴求策略認知品牌形象和使用時機兩構面均達顯著水準（p<.05），經事後比較得知品牌形象構面大專>高中（職）。

六、不同平均月收入之消費者在感性訴求策略體認上之差異分析

在不同平均月收入之消費者受試樣本中，運動廣告感性訴求策略認知之三構面體認差異透過單因子變異數分析，其結果如表4-15所示。

表4-15　平均月收入在運動廣告感性訴求策略認知三構面之差異分析表

感性訴求策略構面	年齡（歲）	平均數	標準差	F值	事後比較
使用者形象	15,000元以下	3.93	0.44	2.48*	經事後比較無顯著差異
	15,001-30,000元以內	4.05	0.52		
	30,001-50,000元以內	3.95	0.56		
	50,001-70,000元以內	4.05	0.58		
	70,001元以上	4.67	0.58		
品牌形象	15,000元以下	3.92	0.44	3.31*	
	15,001-30,000元以內	4.04	0.52		
	30,001-50,000元以內	3.88	0.57		

	50,001-70,000元以內	4.08	0.54		
	70,001元以上	4.67	0.58		
使用時機	15,000元以下	3.97	0.41	2.68*	
	15,001-30,000元以內	4.07	0.51		
	30,001-50,000元以內	4.02	0.52		
	50,001-70,000元以內	4.13	0.51		
	70,001元以上	4.67	0.58		

*p<.05

就表4-15結果顯示，平均月收入在運動廣告感性訴求策略認知三構面均達顯著水準（p<.05），但進一步的事後比較則發現並無顯著差異，由此得知不同平均月收入之受試者對運動廣告感性訴求策略認知上為沒有差異。

綜合人口統計變項於運動廣告感性訴求策略體認上差異情形研究結果顯示，性別、婚姻狀況、年齡、職業及教育程度五變項在對於運動廣告感性訴求策略體認上是有所差異情形的，而平均月收入則無差異情形。

第五節　人口統計變項在運動產品購買動機上之差異情形

本部份主要目的在瞭解不同人口統計變項的受試者在運動產品購買動機上有何差異。首先採用獨立樣本t檢定分析性別及婚姻狀況在運動產品購買動機上之差異情形，再採用單因子變異數分析來檢測年齡、職業、教育程度及平均月收入在運動產品購買動機上之差異情形，若達顯著水準則使用雪費法進行事後比較。

一、不同性別之消費者在運動產品購買動機上之差異分析

在男女受試樣本中，對運動產品購買動機之三構面之認知差異情形經獨立樣本t檢定加以分析，其結果如表4-16所示。

表4-16　性別在運動產品購買動機三構面之差異分析表

購買動機構面	性別	平均數	標準差	t值
知識刺激	男	4.13	0.42	6.51*
	女	3.82	0.52	
社會認定	男	4.12	0.46	5.79*
	女	3.82	0.55	
滿足感受	男	4.11	0.46	5.77*
	女	3.82	0.52	

*$p<.05$

就表4-16結果顯示，性別在運動產品購買動機三構面均達顯著水準（$p<.05$），可得知不同性別之受試者在購買動機之三構面存在差異，各構面中男性均大於女性。

二、不同婚姻狀況之消費者在運動產品購買動機上之差異分析

在不同婚姻狀況之消費者受試樣本中，對運動產品購買動機之三構面認知差異情形經獨立樣本t檢定加以分析，結果如表4-17所示。

表4-17　婚姻狀況在運動產品購買動機三構面之差異分析表

購買動機構面	性別	平均數	標準差	t值
知識刺激	已婚	4.12	0.50	4.12*
	未婚	3.92	0.47	
社會認定	已婚	4.15	0.50	4.89*
	未婚	3.89	0.51	
滿足感受	已婚	4.09	0.54	3.28*
	未婚	3.92	0.47	

*$p<.05$

就表4-17結果顯示，婚姻狀況在運動產品購買動機三構面均達顯著水準（$p<.05$），由此得知不同婚姻狀況之受試者在購買動機之三構面上存在差異，各構面中已婚者均大於未婚者。

三、不同年齡層之消費者在運動產品購買動機上之差異分析

在不同年齡層之消費者受試樣本中，對運動產品購買動機之三構面之認知差異情形透過單因子變異數分析後，其結果如表4-18所示。

表4-18　年齡在運動產品購買動機三構面之差異分析表

購買動機構面	年齡（歲）	平均數	標準差	F值	事後比較
知識刺激	18歲－24歲	3.75	0.35	58.55*	45歲以上>45歲以下
	25歲－34歲	3.92	0.31		
	35歲－44歲	3.98	0.54		

	45歲－54歲	4.86	0.30		
	55歲以上	5.00	0.00		
社會認定	18歲－24歲	3.73	0.39	48.35*	45歲以上>45歲以下
	25歲－34歲	3.91	0.38		
	35歲－44歲	4.00	0.49		
	45歲－54歲	4.86	0.31		
	55歲以上	5.00	0.00		
滿足感受	18歲－24歲	3.74	0.38	44.88*	經事後比較無顯著差異
	25歲－34歲	3.91	0.36		
	35歲－44歲	4.04	0.51		
	45歲－54歲	4.80	0.38		
	55歲以上	5.00	0.00		

*p<.05

就表4-18結果顯示，年齡層在三個構面均達顯著水準（p<.05），進一步以雪費法檢驗其差異性，發現「知識刺激」部份，45歲以上>45歲以下；「社會認定」部份，45歲以上>45歲以下，在「滿足感受」部份，檢驗後並無差異。

四、不同職業之消費者在運動產品購買動機上之差異分析

在不同職業之消費者受試樣本中，對運動產品購買動機之三構面之認知差異情形透過單因子變異數分析後，其結果如表4-19所示。

表4-19　職業在運動產品購買動機三構面之差異分析表

購買動機構面	職業	平均數	標準差	F值	事後比較
知識刺激	資訊類	5.00	0.00	9.21*	學生<資訊類，農林漁牧礦業、待業中<資訊類、行政公務人員、傳播業和家管
	行政公務人員	4.46	0.52		
	教職人員	4.15	0.26		
	製造運輸業	4.09	0.24		
	營建業	4.07	0.15		
	自由業	4.12	0.16		
	傳播業	4.29	0.46		
	社會服務業	4.03	0.11		
	軍警人員	4.05	0.12		
	家管	4.45	0.55		
	金融服務業	3.97	0.15		
	醫護人員	3.89	0.17		
	農林漁牧礦業	3.58	0.29		
	待業中	3.52	0.40		
	學生	3.88	0.52		
社會認定	資訊類	5.00	0.00	8.41*	學生、農林漁牧礦業和待業中<資訊類和家管
	行政公務人員	4.46	0.52		
	教職人員	4.18	0.29		
	製造運輸業	4.09	0.15		
	營建業	4.07	0.15		
	自由業	4.13	0.17		
	傳播業	4.35	0.44		

	社會服務業	4.07	0.14		
	軍警人員	4.00	0.00		
	家管	4.45	0.58		
	金融服務業	3.97	0.15		
	醫護人員	4.00	0.00		
	農林漁牧礦業	3.56	0.47		
	待業中	3.65	0.46		
	學生	3.84	0.57		
滿足感受	資訊類	5.00	0.00	10.13*	學生<資訊類，農林漁牧礦業、待業中<資訊類、行政公務人員、傳播業和家管
	行政公務人員	4.46	0.52		
	教職人員	4.05	0.13		
	製造運輸業	4.22	0.33		
	營建業	4.07	0.15		
	自由業	4.08	0.15		
	傳播業	4.36	0.43		
	社會服務業	4.03	0.11		
	軍警人員	4.05	0.12		
	家管	4.40	0.56		
	金融服務業	3.97	0.15		
	醫護人員	3.67	0.37		
	農林漁牧礦業	3.38	0.44		
	待業中	3.60	0.49		
	學生	3.89	0.52		

*$p<.05$

就表4-19結果顯示，職業在三個構面達顯著水準（p<.05），進一步事後比較則發現，「知識刺激」部份，學生<資訊類，農林漁牧礦業、待業中<資訊類、行政公務人員、傳播業和家管；「社會認定」部份，學生、農林漁牧礦業和待業中<資訊類和家管，在「滿足感受」部份，學生<資訊類，農林漁牧礦業、待業中<資訊類、行政公務人員、傳播業和家管。

五、不同教育程度之消費者在運動產品購買動機上之差異分析

在不同教育程度之消費者受試樣本中，對運動產品購買動機之三構面之認知差異情形透過單因子變異數分析後，其結果如表4-20所示。

表4-20　教育程度在運動產品購買動機三構面之差異分析表

<table>
<tr><th>購買動機構面</th><th>職業</th><th>平均數</th><th>標準差</th><th>F值</th><th>事後比較</th></tr>
<tr><td rowspan="5">知識刺激</td><td>國小以下</td><td>3.75</td><td>0.35</td><td rowspan="5">2.71*</td><td rowspan="10">經事後比較無顯著差異</td></tr>
<tr><td>國（初）中</td><td>3.98</td><td>0.39</td></tr>
<tr><td>高中（職）</td><td>3.94</td><td>0.49</td></tr>
<tr><td>大專</td><td>4.11</td><td>0.54</td></tr>
<tr><td>研究所以上</td><td>4.00</td><td>0.00</td></tr>
<tr><td rowspan="5">社會認定</td><td>國小以下</td><td>3.63</td><td>0.52</td><td rowspan="5">4.23*</td></tr>
<tr><td>國（初）中</td><td>3.91</td><td>0.45</td></tr>
<tr><td>高中（職）</td><td>3.93</td><td>0.53</td></tr>
<tr><td>大專</td><td>4.13</td><td>0.54</td></tr>
<tr><td>研究所以上</td><td>4.00</td><td>0.00</td></tr>
<tr><td rowspan="2">滿足感受</td><td>國小以下</td><td>3.58</td><td>0.50</td><td rowspan="2">5.42*</td><td rowspan="2">經事後比較無顯著差異</td></tr>
<tr><td>國（初）中</td><td>3.92</td><td>0.49</td></tr>
</table>

	高中（職）	3.92	0.50		
	大專	4.14	0.52		
	研究所以上	4.00	0.00		

*$p<.05$

就表4-20結果顯示，教育程度在運動產品購買動機三構面均達顯著水準（$p<.05$），但經事後比較後無顯著差異。

六、不同平均月收入之消費者在運動產品購買動機上之差異分析

在不同平均月收入之消費者受試樣本中，對運動產品購買動機之三構面之認知差異透過單因子變異數分析後，其結果如表4-21所示。

表4-21　平均月收入在購買動機三構面之差異分析表

購買動機構面	職業	平均數	標準差	F值	事後比較
知識刺激	15000元以下	3.92	0.44	4.28*	經事後比較無顯著差異
	15001-30000元以內	4.06	0.50		
	30001-50000元以內	3.89	0.53		
	50001-70000元以內	4.11	0.49		
	70001元以上	4.67	0.58		
社會認定	15000元以下	3.92	0.46	3.50*	
	15000-30000元以內	4.05	0.55		
	30001-50000元以內	3.88	0.53		
	50001-70000元以內	4.09	0.56		
	70001元以上	4.67	0.58		

滿足感受	15000元以下	3.93	0.46	4.10*	經事後比較無顯著差異
	15000-30000元以內	4.03	0.53		
	30001-50000元以內	3.85	0.54		
	50001-70000元以內	4.12	0.49		
	70001元以上	4.67	0.58		

*p<.05

就表4-21研究結果顯示，平均月收入在購買動機三構面均達顯著水準（p<.05），但經事後比較後無顯著差異。

綜合人口統計變項於運動產品購買動機上差異情形研究結果顯示，性別、婚姻狀況、年齡及職業四變項在對於運動廣告感性訴求策略體認上是有所差異情形的，而教育程度和平均月收入則無差異情形。

第六節　感性訴求策略與購買動機之相關情形

本節主要探討消費者運動廣告感性訴求策略體認與購買動機的相互關係。於消費者運動廣告感性訴求策略體認部分採用之三大構面分別為「使用者形象」、「品牌形象」以及「購買時機」；而購買動機部分採用之三大構面分別為「知識刺激」、「社會認定」與「滿足感受」，來進行分析。

一、感性訴求策略與購買動機之相關情形分析

本研究採用皮爾森積差相關分析方法，計算運動廣告感性訴求策略體認與購買動機兩者間的相關係數，並以顯著性檢定其相關係數是否有達到顯著水準。結果詳如表4-22。

表4-22　總合廣告代言人體認與購買動機認知相關矩陣

問題構面	使用者形象	品牌形象	使用時機	知識刺激	社會認定	滿足感受
使用者形象	1					
品牌形象	.90*	1				
使用時機	.81*	.82*	1			
知識刺激	.83*	.87*	.83*	1		
社會認定	.81*	.83*	.76*	.89*	1	.
滿足感受	.78*	.81*	.75*	.87*	.90*	1

*$p<.05$

二、感性訴求策略與購買動機之相關情形分析結果

以下將針對廣告感性訴求策略與購買動機之相關情形分析結果，加以分點描述解釋。

（一）感性訴求策略之「使用者形象」與購買動機三大構面之相關

根據本研究結果顯示，感性訴求策略之「使用者形象」與購買動機之「知識刺激」、「社會認定」及「滿足感覺」之相關性達顯著水準（$p<.05$），為正相關，表示對於感性訴求策略之使用者形象體認越高之消費者購買決策適能夠受廣告中使用者的形象所影響，

可以推斷感性訴求策略之使用者形象會影響消費者，並使消費者在購物時達到知識刺激、社會認定及自我滿足的狀態。

（二）感性訴求策略之「品牌形象」與購買動機三大構面之相關

根據本研究結果顯示，感性訴求策略之「品牌形象」與購買動機之「知識刺激」、「社會認定」與「滿足感受」三者之相關性皆達顯著水準（$p<.05$），為正相關，表示對於感性訴求策略品牌形象體認越高之消費者，在購買運動產品時容易對於「知識刺激」、「社會認定」與「滿足感受」之體認也相對的提高，換言之，無論是哪一種購買動機的認知皆與品牌形象有所相關。

（三）感性訴求策略之「使用時機」與購買動機三大構面之相關

根據本研究結果顯示，感性訴求策略之「使用時機」與購買動機之「知識刺激」、「社會認定」與「滿足感受」三者之相關性皆達顯著水準（$p<.05$），為正相關，表示對於感性訴求策略使用時機體認越高之消費者，在購買運動產品時容易對於「知識刺激」、「社會認定」與「滿足感受」之體認也相對的提高，換言之，無論是哪一種購買動機的認知皆與使用時機有所相關。

第七節　運動廣告感性訴求策略對消費者購買動機之預測分析

本節以購買動機的均值作為因變數，以感性訴求策略三個構面的均值做引數，以多元迴歸探討瞭解感性訴求策略對消費者購買動機的預測情形。

透過多元迴歸分析，擬合成線性模型效果最好，結果顯示擬合優度（R）等於0.899，且模型擬合效度經F檢驗，達顯著水準，$p<.05$，因此可以證明感性訴求策略三個構面與購買動機存在線性關係，各構面的回歸係數是否有意義，見表4-23。

表4-23 回歸係數t檢驗統計表

引數及常數項	係數	標準誤差	t	Sig.
常數項	0.36	0.10	3.73	0.00
使用者形象	0.19	0.05	3.68	0.00
品牌形象	0.46	0.05	8.50	0.00
使用時機	0.26	0.04	5.91	0.00

從表4-23中可以看出，模型的引數回歸係數及常數項均達顯著水準（$p<.05$），即各引數均有意義，建立的多元回歸模型為：

購買動機（均值）＝0.36＋0.19× 使用者形象（均值）＋0.46×品牌形象（均值）＋0.26× 使用時機（均值）

通過回歸模型，可知感性訴求策略之品牌形象對購買動機的影響最大，每增加一單位的品牌形象認知，將會提高0.46單位的購買動機，其次為使用時機和使用者形象，每增加一單位的使用時機和使用者形象認知，將會分別增加0.26和0.19個單位的購買動機。即消費者每增加一分的對品牌形象認知得分，消費者在購買動機得分上就會增加0.46分，消費者每增加一分對使用時機的認知得分，消費者在購買動機得分上就會增加0.26分，消費者每增加一分對使用者形象的認知得分，消費者在購買動機得分上就會增加0.19分，同樣如果各構面認知得分減少一分，購買動機也會相應的減少。

第八節　綜合討論

一、運動用品專賣旗艦店消費者之人口統計變項分佈情況

綜合運動用品旗艦店消費者之人口統計變項分佈情況調查結果，臺北市運動用品專賣旗艦店消費群男性與女性的比例分別為57.18%及42.82%，顯示運動用品的消費者仍以男性居多，這應該與運動之涉入程度之多寡相關，但現今女性運動念意識逐漸抬頭，對於運動產品營業者與行銷者來說，未來可將女性的運動特殊需求列入商品開發之考量因素，以開發更多女性消費者。

而在年齡、婚姻狀況、職業與月收入的分佈上，34歲以下佔76.41%，未婚之人數占61.79%，學生佔46.15%，月收入30,000以下者佔71.54%，各項研究結果顯示出目前的消費者仍以學生及年輕族群為主；在教育程度的分佈上，則以高中（職）和大專佔85.64%為最多。顯示運動產品是較年輕之族群所留意以及關心的產業，根據研究推測結果可能與年輕族群休閒時間較長，因此導致運動頻率較高，以及運動用品專賣旗艦店之所在地處熱鬧繁華之鬧區，主要多為年輕族群之活動範圍。

二、運動用品專賣旗艦店消費者對廣告感性訴求策略體認情形現況

根據研究結果顯示，消費者對運動廣告感性訴求之三構面之「使用時機」認知為最高，而其餘兩構面認知較低。由此可推論消費者認為在運動廣告感性訴求策略上使用時機較有吸引力，其次是使用者形象與品牌形象。如專業品牌球鞋、運動服在消費者看過相應情節的廣告後，更易購買。

三、消費者對運動產品之購買動機體認知情形現況

根據本研究結果顯示，臺北市運動用品專賣店參觀消費者對運動產品購買動機三構面之「知識刺激構面」認知為最高，而其餘兩構面認知較低。此研究結果與方世榮（2000）和黃俊英（2002）定義動機是一種被刺激的需要，它足以使一個人去採取行動以求得滿足之研究結果相符合。由此可推論運動的優良品質及性能的認知影響消費者的購買行為。

四、人口統計變項運動廣告感性訴求策略體認上之差異情形

綜合人口統計變項之性別、婚姻狀況、職業、年齡與教育程度是有顯著差異的。運動項目男性的涉入層度可能較高於女性，且男性消費者在運動領域接觸頻率較為頻繁，並且男性對運動明星比較熟悉，購買明星做廣告的運動產品，使他們更能感覺自己就像是球星一樣。另外，由於女性於現今社會對於運動之涉入程度日漸加深，現今之運動品牌已常為女性開發相關之專屬產品。

在婚姻狀況之研究結果顯示已婚的消費者對運動廣告感性訴求策略認知較高於未婚消費者，因為大部分已婚消費者組建了自己的家庭，工作之餘家人在一起看電視的時間較多，並且在運動項目上形成了一定的團體，無論是廣告直接接觸，還是朋友之間的比較，都要多於大部分未婚者，但近幾年運動風的吹起，及其婚姻觀念的變化使得這種差異性在逐漸減少。

在年齡狀況之研究結果呈現出拋物線狀態，18－24歲及45歲以上的消費者對運動廣告感性訴求策略認知較高於其他年齡段的消費者，18－24歲的消費者正處在成長階段，對自己的偶像都較崇拜，講模仿講品牌，45歲以上的消費者經歷的較多，無論是使用的品牌

還是運動偏好都比較固定，因此他們在運動廣告的感性訴求策略的認知上較高，此結論有待後繼研究者進一步研究。

教育程度和職業狀況研究結果顯示，在品牌形象上大專略高於高中（職），在廣告感性訴求策略上農林漁牧礦業、待業中和學生略少於資訊類。

五、人口統計變項在運動產品購買動機上之差異情形

綜合人口統計變項於購買動機三構面之差異分析情形研究結果顯示，唯有性別、婚姻、職業和年齡變項在對於購買動機三構面上是有所差異情形的，教育程度及平均月收入則否。男性消費者的購買動機高於女性，這主要因為男性涉入的運動程度較大的緣故，已婚消費者的購買動機略高於未婚的消費者，可能由於已婚者在經濟條件及其購買決策時較優於未婚消費者。但在年齡狀況上，18－24歲的受訪者滿足感受高於25－34歲的被放者，在知識刺激和社會認定兩個構面，45歲以上的消費者高於45歲以下的消費者，可見年齡越大的消費者越需求知識刺激與社會認定，主要原因可能是科技的進步，社會的不斷向前發展，使他們更想學習，更想適應社會。在職業狀況上農林漁牧礦業、待業中和學生購買動機較小，除了針對不同的產品類型研究分析是可能因素外，是否有其他因素導致此結果則有賴後續研究者之分析。

六、感性訴求策略與購買動機之相關情形

本研究結果發現，感性訴求策略之三個構面與購買動機三大構面均高度相關，感性訴求以情感的方式呈現透過上述三種呈現方式傳達給消費者，使消費者在購買的過程中被動性的被其所影響。

以上結果與王紹遠（2003）在研究感性訴求廣告對廣告效果影響路徑之研究的實驗結果中提出，感性訴求廣告的表現方式須透過情緒達到廣告效果，且其過程會由購買動機干擾的假設成立，因此歸納出實驗結果，（一）在購買動機「知識刺激」時，感性訴求廣告「使用者形象」表現方式會藉由「鼓舞情緒」來影響廣告效果。（二）在購買動機「社會認定」時，感性訴求廣告「使用時機」表現方式可藉由「鼓舞情緒」來影響廣告效果。（三）在購買動機「滿足感受」時，感性訴求廣告「品牌形象」表現方式可藉由「溫暖情緒」來影響廣告效果，和黃守聰（2004）在對產品涉入程度、品牌權益、感性訴求廣告與購買意願關係之研究—以手機為例的研究中也發現，產品涉入程度、品牌權益、感性訴求廣告與購買意願之間，彼此有著明顯的相關性存在有相似的結論。

七、感性訴求策略對消費者購買動機之預測分析

通過多元回歸分析，研究發現感性訴求策略可以對消費者購買動機進行預測分析，提供以下分析模型以供參考：

購買動機（均值）＝0.36＋0.19× 使用者形象（均值）＋0.46×品牌形象（均值）＋0.26× 使用時機（均值）

第伍章　結論與建議

本研究針對第肆章實證資料樣本的收集與統計分析，本章進一步將研究結果作一摘要性彙整，並提出相關建議，以供後續學者深入探討及行銷實務業者擬定行銷計劃之參考。

第一節　結論

一、臺北市運動用品專賣旗艦店消費者之人口統計變項分佈情況

臺北市運動用品旗艦店消費者之人口統計變項在性別方面，以男性居多（57.18%）；在婚姻狀況方面，以未婚人口居多（61.79%）；在年齡方面，以25－34歲居多（46.41%）；在職業方面，以學生居多（46.15%）；在教育程度方面，以高中（職）居多（53.85%）；在平均月收入方面，以15,000以下為居多（37.69%）。

二、臺北市運動用品專賣旗艦店消費者對運動廣告感性訴求策略之體認情形現況

根據研究結果顯示，消費者對運動廣告感性訴求之三構面之「使用時機」認知為最高，而其餘兩構面認知較低。消費者對運動廣告感性訴求策略體認之題項部分，最重視運動廣告代言人體認前三項依序為：「如果遇到廣告中的情境，我也會希望使用該相關運動產品」，「如果遇到廣告中的情境，搭配使用之相關產品是很適合的」

以及「在實際生活中，我會希望使用相關運動產品以達到廣告中的情境」；而認知最低之三項依序為：「我覺得運動廣告中，角色所詮釋的人物很特別」，「我覺得運動廣告中的品牌讓我有所感受」以及「拋除個人經驗，我覺得運動廣告中的品牌很親切」。

三、臺北市運動用品專賣旗艦店消費者對運動產品之購買動機體認知情形現況

根據研究結果顯示，臺北市運動用品旗艦店消費者對運動產品購買動機三構面之「知識刺激構面」認知為最高，而其餘兩構面認知較低。消費者購買動機認知題項部分，最重視之運動產品購買動機前三項依序為：「我購買運動產品是基於想嘗試新發明的產品功能」，「我購買運動產品是基於能提升更優良的運動品質」以及「我購買運動產品是基於想跟上流行」；而認知最低之運動產品購買動機三項依序為：「我購買運動產品是基於能與他人進一步溝通」，「我購買運動產品是基於想參與相關產品之活動」以及「購買運動產品是基於能夠達到自我的滿足」。

四、不同人口統計變項之消費者在運動廣告感性訴求策略體認上之差異情形

（一）性別部分

根據研究結果得知臺北市運動用品旗艦店消費者，性別部分在運動廣告感性訴求策略認知之「使用者形象」、「品牌形象」與「使用時機上」上是有所差異的，男性於「使用者形象」部分平均得分

為4.13；「品牌形象」部份平均得分為4.14；「使用時機」部份平均得分為4.19皆大於女性之消費者。

（二）婚姻狀況

根據研究結果得知婚姻狀況在運動廣告感性訴求策略認知之三構面皆上是有所差異的，已婚之消費者於「使用者形象」部份平均得分為4.10；「品牌形象」部分得分為4.09；「使用時機」部分得分為4.1皆大於未婚之消費者。

（三）年齡狀況

根據研究結果得知年齡狀況在運動廣告感性訴求策略認知之三構面皆上是有所差異的，平均得分方面，「使用者形象」構面18－24歲低於45歲以上，25－34歲低於35－44歲低於55歲以上；「品牌形象」構面18－24歲低於35歲以上，45－54歲高於45歲以下；「使用時機」構面18－24歲低於25－34歲低於45歲以上，35－44歲低於45歲以下。

（四）職業狀況

根據研究結果得知職業狀況在運動廣告感性訴求策略認知之三構面皆上是有所差異的，平均得分方面，「使用者形象」構面資訊類和家管高於農林漁牧礦業、待業中和學生，行政公務人員和傳播業高於林漁牧礦業和待業中；「品牌形象」構面資訊類和家管高於農林漁牧礦業、待業中和學生；「使用時機」構面資訊類高於金融服務業、農林漁牧礦業、待業中和學生。

（五）其餘人口統計變項

根據研究結果得知人口統計變項在教育程度在「品牌形象」構面存在差異性，大專得分高於高中（職），平均月收入對運動廣告感性訴求策略體認上無顯著差異。

五、不同人口統計變項之消費者在運動產品購買動機上之差異情形

根據研究結果顯示，臺北市運動用品專賣旗艦店消費者在不同性別、婚姻狀況、年齡和職業對購買動機均有顯著差異，但教育程度及平均月收入則無顯著差異。

性別在運動產品購買動機三構面均達顯著水準，三個構面得分均是男性大於女性；婚姻狀況在運動產品購買動機三構面也均達顯著水準，三個構面得分均是已婚大於未婚；年齡層在三個構面均達顯著水準，平均得分方面，「知識刺激」部份45歲以上高於45歲以下；「社會認定」部份45歲以上高於45歲以下。職業在三個構面達顯著水準，平均得分方面，「知識刺激」部份學生低於資訊類，農林漁牧礦業、待業中低於資訊類、行政公務人員、傳播業和家管；「社會認定」部份學生、農林漁牧礦業和待業中低於資訊類和家管，在「滿足感受」構面學生低於資訊類，農林漁牧礦業、待業中低於資訊類、行政公務人員、傳播業和家管，而教育程度和平均月收入在運動產品購買動機上無顯著差異。

六、感性訴求策略與購買動機之相關情形

感性訴求策略三個構面與購買動機三大構面均為顯著正相關。

七、感性訴求策略對消費者購買動機之預測分析

多元迴歸模型為：

購買動機（均值）＝0.36＋0.19× 使用者形象（均值）＋0.46× 品牌形象（均值）＋0.26× 使用時機（均值）

第二節　建議

根據研究之結果，提出下列幾項建議，以提供給運動用品專賣旗艦店業者與運動廣告製播業者以及相關單位之參考，亦提供未來相關研究者的一些研究方向。建議事項如下：

一、給運動用品專賣旗艦店業者與廣告製播業者及相關單位之建議

(一) 運動用品專賣旗艦店業者應建立消費者資料庫，瞭解運動產品消費者之基本資訊及狀況，以便於分析消費者之消費習性，進一步做為行銷策略的參考依據，並實施客戶資源管理。

(二) 運動用品專賣旗艦店業者在店內裝潢及擺設，可透過播放器播放運動廣告，並配合實施相關之行銷策略，以滿足認同運動廣告感性訴求策略及其購買動機之消費者進行消費。

(三) 運動用品專賣旗艦店業者可在公司相關網站、廣告看板、周邊活動等等行銷宣傳管道，設計與運動廣告相關之活動並可統計不同運動的喜愛程度，另可嘗試體驗式銷售模式，使消費者能夠模仿廣告中的情節。

(四) 運動廣告製播時可針對不同購物動機及需求特性之消費者，製作符合之運動廣告，使廣告效益達到最大之成效。另外可針對不同性別之間及情侶之間進行混合式銷售及情侶套餐銷售。

二、對未來研究之建議

(一) 本研究僅就臺北市運動用品旗艦店為研究範圍，未來可針對其他縣市進行區域性研究，以作為比較之用，或是將研究範圍擴大至整個臺灣地區或與其他國家相比較，以分析整體運動用品專賣旗艦店消費者的購買動機與對於運動廣告感性訴求策略之體認情形。

(二) 本研究僅就運動用品專賣旗艦店參觀或消費之民眾為研究對象，未來可將研究對象擴大涵蓋未於運動用品專賣旗艦店進行參觀或消費之民眾，進一步瞭解參觀及未參觀消費民眾之間的差異情形。

(三) 本研究使用施測之運動廣告除了屬運動項目外並未進行更細分析，未來可針對廣告之劇情、屬性、訴求等項目進行內容分析研究，將可助於透視運動廣告之全貌。

(四) 本研究使用了多元迴歸分析，但均採用的是五級量表均值，在預測上存在一定的誤差，建議後繼研究者，在問卷設計時加購買決定選項，設定為二級量表，以便進行運算分析，預測效果將會更好。

參考文獻

一、中文部分

Kotler & Armstrong（2000），方世榮（譯）。行銷學原理。臺北：東華。

Philip kotler（2000），方世榮（譯）。行銷管理學。臺北：東華。

Philip Kotler & Gary Armstrong（1999），張逸民（譯）。行銷學。臺北：華泰。

Hawkins, Best & Coney（2002），葉日武（譯）。消費者行為。臺北：前程。

王石番（1991）。傳播內容分析法——理論與實證。臺北：幼獅文化。

王紹遠（1993）。感性訴求廣告對廣告效果影響路徑之研究——以行動電話服務廣告為例。未出版碩士論文，銘傳大學，臺北。

臺灣體育運動管理協會（2003）。臺灣地區運動產業名錄。臺北：志軒。

行政院主計處（2002）。社會指標統計——生活環境家庭主要設備普及率。取自：http://www.dgbas.gov.tw。

沈永正、吉中行（2003）。購買決策前認知與情感建構對產品價值之影響。第一屆全國當代行銷學術研討會。

李采洪（1995）。國外總公司施壓——精品服飾爭開旗艦店。工商時報，第30版。

林育慈（1997）。都市速食餐飲消費活動、店址與空間分析——以臺北市為例。未出版碩士論文，中興大學，臺北。

林建煌（2001）。管理學。臺北：智勝。
林建煌（2002）。消費者行為。臺北：智勝。
祝鳳岡（1998）。整合行銷傳播之運用：觀念與問題。傳播研究簡訊。
徐達光（2003）。消費者心理學：消費者行為的科學研究。臺北：東華。
陳鴻雁（1998）。大眾傳播媒體在運動行銷扮演之角色。國民體育季刊，27（1），11-16。
陳逸帆（1994）。理性、感性廣告訴求下轉換意願影響因素之探討。未出版碩士論文，輔仁大學，臺北。
陳錦玉（1994）。閱聽眾對情感性訴求節目的『感動』反應研究：以三個名人專訪電視節目為例。未出版碩士論文，世新大學，臺北。
高俊雄（2002）。運動休閒事業管理。臺北：志軒。
梁庭嘉（2002）。我在大陸搞廣告；兩岸三地32位知名廣告人現身說法。臺北：商周出版。
黃守聰（2004）。產品涉入程度、品牌權益、感性訴求廣告與購買意願關係之研究——以手機為例。未出版碩士論文，大葉大學，彰化。
黃深勳（1998）。廣告學。蘆洲：空中大學。
黃俊英（2002）。行銷學的世界。臺北：天下文化。
曾柔鶯（1998）。現代行銷學。臺北：華泰。
曹馨潔（2003）。廣告代言人、廣告訴求與廣告播放頻率對廣告效果之影響。未出版碩士論文，中國文化大學，臺北。
康志瑋（2001）。涉入理論於網路商品行銷之應用。未出版碩士論文，長庚大學，林口。

張元培（1996）。運動電視廣告之文化意涵—閱聽人建構廣告文本的影響因素。未出版碩士論文，國立體育學院體，林口。

二、英文部分

Andrews, Craig J., Srinivas Durvasula, and Syed H. Akhter. (1990) .

A Framework for Conceptualizing and Measuring the Involvement Construct in Advertising Research, *Journal of Advertising,19*, 27-40.

Assael, H. (1998). Consumer Behavior and Marketing Action, in *South-Western College Publishing,6*.

Bloch, Michael, Y. P. and A. S. (1982).On the Road of Electronic Commerce- a Business Value Framework, Gaining Competitive Advantage and Some Research Issues, *Working Paper, UC Berkeley.* Available: http://hass.berkeley.edu/~citm/road-ec/ec.htm

Batra, R. and Michael, L.R. (1986).Affective Responses Mediating Acceptance of Advertising,"*Journal of Consumer Research*, *13*, 234-249.

Bagozzi , R. P. and David, J. M. (1994), Public Service Advertisements: Emotions and Empathy Guide Prosocial Behavior, *Journal of Marketing* , *58* (1), 56-70.

Blackwell, R. D., Engel, J. F., and Miniard, P. W. (2000).*Consumer Behavior*, 7th ed , The Drained Press, 533.

Blackwell, D. R., P. W. Miniard and J. F. Engel (2001).*Consumer Behavior*, 9thed, Harcourt, Inc.

Clancy, Kevin J., Lyman E. Ostlund, and Gordon A. Wyner. (1997). False Reporting of Magazine Readership, *Journal of Advertising Research, 19* (10), 23-30.

Celsi, Richard L. and Jerry C. Olson. (1988) .The Role of Involvement in Attention and Comprehension Processes", Journal of Consumer Researc*h, 15*,210-224.

Fruedian. H. (1964).Work and Motivation, *New York: McHill.*

Goldsmith, R. E. and Emmert, J. (1991).Measuring Product Category Involvement: A Multitrait-Multimethod Study", *Journal of Business Research, 23*,363-371.

Holbrook, M. B. and Rajeev, B. (1987). Assessing the Role of Emotions as Mediators of Consumer Responses to Advertising, *Journal of Consumer Research, 14*, 404-420.

Hahha, N. and R. Wozniak. (2001), *Consumer Behavior*, 1th, Prentice-Hall,Inc.

Juffer, J. (2002).Who's the Man? Sammy Sosa, Latinos, and Televisual Redefinition of the American Pastime.*Journal of Sport &Social Issues, 26* (4), 337-359.

Kolter, P. (1997).*Marketing Management：Analysis, Planning and Control* , 9th Edition, New Jersey, Prentice-Hall Inc.

Laskey, H. A, Fox R. J. and Crask M. R. (1995).The Relationship between Advertising Message Strategy and Television Commercial Effectiveness, *Journal of Advertising Research, 35*（2）, 31-39.

Laczniak, Russell N., Darrel D. Muehling, and Sanford Grossbart. (1989).Manipulating Message Involvement in Advertising Research, *Journal of Advertising Research, 18* (2), 28-38.

Laurent, G. and Jean-Noel Kapferer. (1985). Measuring Consumer Involvement Profiles, *Journal of Marketing Research*, 22, 41-53.

Lutz, R. (1985)."Affective and Cognitive Antecedents of Attitudes Toward the Ad: A Conceptual Framework," *Psychological Process and Advertising Effects: Theory, Research, and Applications*, Linda F. Alwitt and Andrew A. Mitchell, eds. Hillsdale, NY: Lawrence Erbaum.

Lutz, Richard J., Scott B. MacKenzie and George E. Belch. (1986). "The Role of Attitude toward the Ad as a Mediator of Advertising Effectiveness: A Test of Competing Explanations," *Journal of Marketing Research*, 23 (5), 130-143.

Maslow Abraham H. (1970).Motivation and personality, 2th ed., *New York: Harper& Row.*

McClelland, David C. (1961). The Achieving Society, *New York: Van Nostrand Reinhold.*

McClelland, David C. (1985).Human Motivation, Glenview, *Ill.: Scott, Foresman.*

Mackenzie , S. B. , Richard J. L. and George E. B. (1986).The Role of Attitude Toward the Ads as a Mediator of Advertising Effectiveness : A Test of Competing Explanations, *Journal of Marketing Research*, 23, (2), 130-143.

Mook, Douglas G. (1987). Motivation: The Organization of Action, *New York: W. W.Norton.*

Polly, R. W. and Mittal Banaari. (1993).Here's the Beef: Factor, Determinants, and Segments in Consumer Criticism of Advertising, *Journal of Marketing*, 57 (2).

Rothschild, Michael L. (1979).Advertising Strategies for High and Low Involvement Situations, in Attitude Research Plays for High Stakes, J. C.Maloney and B. Silverman eds., *Chicago: American Marketing Association,* 74-93.

Rossiter, J.R. and Larry, P. (1998). *Advertising Communications and Promotion Management,* McGraw-Hill Companies.

Ronald, E.T. (1999). A Six-Segment Message Strategy Wheel, *Journal of Advertising Research*, 39 (6), 7-17.

Snyder, M. and Kenneth G.D. (1985). Appeals to Image and Claims About Quality: Understanding the Psychology of Advertising, *Journal of Personality and Social Psychology, 49* (3), 586-597.

Solomon, M (1999). *Consumer Behavior, Fourth Edition*, Upper Saddle River, New Jersey: Prentice-Hall, Inc.

Schiffman, L. G. and Kanuk L. L. (2000).*Consumer Behavior*, 9th, Prentice Hall, Inc.

Salomon, A. (2000).LastMinuteTravel.com: Jack Arogeti, *Advertising Age, Chicago, 71* (27), 22-23.

Tauber, E. M. (1972).Why do people shop? *Journal of Marketing, 36*,46-49.

Turner, P. (1999).Television and Internet Concergence：*Implications for Sport Broadcasting &Electronic Media*, 41 (1), 14-24

Wagner, R. (1994).An Analysis of Prize Money and Domestic Television Coverage in Men's and Women's Professional Tennis.Sport *Marketing Quarterly*, 3 (2), 15-20.

附錄一

感性訴求廣告與消費者運動產品購買動機量表（預試問卷）

敬啓者您好：

您好，我是華夏技術學院體育室專任講師，本人正在進行有關感性訴求廣告與消費者行為的研究，這是一份學術問卷，並不是在推銷任何產品。本問卷僅供學術之用，問卷資料絕不對外公開，請您安心並且依真實情況與想法作答。謝謝您撥空填寫此問卷。

敬祝您

身體健康、快樂

華夏技術學院體育室

專任講師：翁睿忱

敬上

第一部分：人口背景資料

以下請您選擇最適合的答案。

一、性別：1.□男性2.□女性

二、婚姻狀況：1.□已婚2.□未婚

三、年齡：1.□18歲－24歲2.□25歲－34歲3.□35歲－44歲
4.□45歲－54歲5.□55歲以上

四、職業：1.□資訊業2.□行政公務人員3.□教職人員4.□製造運輸業

5.□營建業6.□農林漁牧礦業7.□自由業8.□傳播業
9.□社會服務業10.□軍警人員11.□家管12.□醫護人員
13.□金融服務業14.□學生15.□待業中16.□其他：______

五、教育程度：1.□國小以下2.□國（初）中3.□高中（職）4.□大專
5.□研究所以上

六、平均月收入：1.□15,000以下2.□15,001-30,0003.□30,001-50,000
4.□50,001-70,0005.□70,001以上

第二部分：感性訴求廣告

以下問題是想請教您對收看完感性訴求運動廣告後的一些印象，您的答案並無所謂的對與錯，請依照您對問題的同意程度做選擇，數字愈大表示愈同意（1.非常不同意2.不同意3.沒有意見4.同意5.非常同意）。

	非常同意	同意	沒有意見	不同意	非常不同意
01. 我覺得運動廣告中，角色所詮釋的人物很特別。	5□	4□	3□	2□	1□
02. 我對運動廣告中角色的（運動種類）印象深刻。	5□	4□	3□	2□	1□
03. 我覺得運動廣告中角色的說詞（旁白或表現）讓我很認同。	5□	4□	3□	2□	1□

04. 我覺得運動廣告中的角色很適合搭配於相關運動產品。..5□4□3□2□1□

05. 拋除個人經驗，我覺得運動廣告中的品牌很親切。...5□4□3□2□1□

06. 拋除個人經驗，我覺得運動廣告中的品牌很專業。...5□4□3□2□1□

07. 我覺得運動廣告中的品牌讓我有所感受。......5□4□3□2□1□

08. 如果遇到廣告中的情境，搭配使用之相關產品是很適合的。..5□4□3□2□1□

09. 如果遇到廣告中的情境，我也會希望使用該相關運動產品。..5□4□3□2□1□

10. 在實際生活中，我會希望使用相關運動產品以達到廣告中的情境。..................................5□4□3□2□1□

第三部分：消費者購買動機

以下問題是想請教您對運動產品購買動機的一些想法，您的答案並無所謂的對與錯，請依照您對問題的同意程度做選擇，數字愈大表示愈同意（1.非常不同意2.不同意3.沒有意見4.同意5.非常同意）。

非
非 沒 常
常 有 不 不
同 同 意 同 同
意 意 見 意 意

01. 我購買運動產品是基於想嘗試新發明的產品功能。（例如：彈簧鞋、人工排汗纖維等）..5□4□3□2□1□

02. 我購買運動產品或品牌是基於想更加了解產品的性能與相關資訊。 ....5□4□3□2□1□

03. 我購買運動產品或品牌是基於想參與相關產品之活動。（例如：贈獎活動、禮遇機會、比賽等） ....5□4□3□2□1□

04. 我購買運動產品是基於想獲得他人的認同。.....5□4□3□2□1□

05. 我購買運動產品是基於想跟上流行。..............5□4□3□2□1□

06. 我購買運動產品是基於能與他人進一步溝通。..5□4□3□2□1□

07. 我購買運動產品是基於能提升更優良的運動品質。 ....5□4□3□2□1□

08. 我購買運動產品是基於能享受運動產品之功能。 ....5□4□3□2□1□

09. 我購買運動產品是基於能夠達到自我的滿足。..5□4□3□2□1□

～本問卷結束。感謝您的填答！～

附錄二

感性訴求廣告與消費者運動產品購買動機量表

敬啓者您好：

您好，我是華夏技術學院體育室專任講師，本人正在進行有關感性訴求廣告與消費者行為的研究，這是一份學術問卷，並不是在推銷任何產品。本問卷僅供學術之用，問卷資料絕不對外公開，請您安心並且依真實情況與想法作答。謝謝您撥空填寫此問卷。

敬祝您

身體健康、快樂

華夏技術學院體育室

專任講師：翁睿忱

敬上

第一部分：人口背景資料

以下請您選擇最適合的答案。

一、性別：1.□男性2.□女性

二、婚姻狀況：1.□已婚2.□未婚

三、年齡：1.□18歲－24歲2.□25歲－34歲3.□35歲－44歲
4.□45歲－54歲5.□55歲以上

四、職業：1.□資訊業2.□行政公務人員3.□教職人員4.□製造運輸業
5.□營建業6.□農林漁牧礦業7.□自由業8.□傳播業

9.□社會服務業10.□軍警人員11.□家管12.□醫護人員
13.□金融服務業14.□學生15.□待業中16.□其他：________

五、教育程度：1.□國小以下2.□國（初）中3.□高中（職）4.□大專
5.□研究所以上

六、平均月收入：1.□15,000以下2.□15,001-30,0003.□30,001-50,000
4.□50,001-70,0005.□70,001以上

第二部分：感性訴求廣告

以下問題是想請教您對收看完感性訴求運動廣告後的一些印象，您的答案並無所謂的對與錯，請依照您對問題的同意程度做選擇，數字愈大表示愈同意（1.非常不同意2.不同意3.沒有意見4.同意5.非常同意）。

	非常同意	同意	沒有意見	不同意	非常不同意

01. 我覺得運動廣告中，角色所詮釋的人物很特別。……5□4□3□2□1□
02. 我覺得運動廣告中角色的說詞（旁白或表現）讓我很認同。……5□4□3□2□1□
03. 我覺得運動廣告中的角色很適合搭配於相關運動產品。……5□4□3□2□1□
04. 拋除個人經驗，我覺得運動廣告中的品牌很親切。……5□4□3□2□1□

05. 拋除個人經驗，我覺得運動廣告中的品牌很專業。......5□4□3□2□1□

06. 我覺得運動廣告中的品牌讓我有所感受。......5□4□3□2□1□

07. 如果遇到廣告中的情境，搭配使用之相關產品是很適合的。......5□4□3□2□1□

08. 如果遇到廣告中的情境，我也會希望使用該相關運動產品。......5□4□3□2□1□

09. 在實際生活中，我會希望使用相關運動產品以達到廣告中的情境。......5□4□3□2□1□

第三部分：消費者購買動機

以下問題是想請教您對運動產品購買動機的一些想法，您的答案並無所謂的對與錯，請依照您對問題的同意程度做選擇，數字愈大表示愈同意（1.非常不同意2.不同意3.沒有意見4.同意5.非常同意）。

非常同意	同意	沒有意見	不同意	非常不同意

01. 我購買運動產品是基於想嘗試新發明的產品功能。（例如：彈簧鞋、人工排汗纖維等）......5□4□3□2□1□

02. 我購買運動產品或品牌是基於想更加了解產品的性能與相關資訊。......5□4□3□2□1□

03. 我購買運動產品或品牌是基於想參與相關產品之活動。（例如：贈獎活動、禮遇機會、比賽等） ......5□4□3□2□1□

04. 我購買運動產品是基於想獲得他人的認同。...5□4□3□2□1□

05. 我購買運動產品是基於想跟上流行。......5□4□3□2□1□

06. 我購買運動產品是基於能與他人進一步溝通。......5□4□3□2□1□

07. 我購買運動產品是基於能提升更優良的運動品質。......5□4□3□2□1□

08. 我購買運動產品是基於能享受運動產品之功能。......5□4□3□2□1□

09. 我購買運動產品是基於能夠達到自我的滿足。..5□4□3□2□1□

～本問卷結束。感謝您的填答！～

國家圖書館出版品預行編目

運動廣告的感性訴求：消費者購買動機之研究
以臺北市為例 / 翁睿忱著 .-- 一版 .-- 臺北
市：秀威資訊科技，2008.05
面； 公分 .-- (社會科學類；AF0083)
參考書目：面
ISBN 978-986-221-024-6 (平裝)

1.消費心理學 2.消費行為 3.運動傳播 4.廣告

496.34 97009275

社會科學類 AF0083

運動廣告的感性訴求
——消費者購買動機之研究以臺北市為例

作　　者 / 翁睿忱
發 行 人 / 宋政坤
執行編輯 / 賴敬暉
圖文排版 / 黃莉珊
封面設計 / 蔣緒慧
數位轉譯 / 徐真玉　沈裕閔
圖書銷售 / 林怡君
法律顧問 / 毛國樑　律師
出版印製 / 秀威資訊科技股份有限公司
臺北市內湖區瑞光路 583 巷 25 號 1 樓
電話：02-2657-9211　傳真：02-2657-9106
E-mail：service@showwe.com.tw
經 銷 商 / 紅螞蟻圖書有限公司
臺北市內湖區舊宗路二段 121 巷 28、32 號 4 樓
電話：02-2795-3656　傳真：02-2795-4100
http://www.e-redant.com

2008 年 5 月 BOD 一版
定價：130 元

讀　者　回　函　卡

感謝您購買本書，為提升服務品質，煩請填寫以下問卷，收到您的寶貴意見後，我們會仔細收藏記錄並回贈紀念品，謝謝！

1.您購買的書名：＿＿＿＿＿＿＿＿＿＿＿＿＿＿

2.您從何得知本書的消息？

□網路書店　□部落格　□資料庫搜尋　□書訊　□電子報　□書店

□平面媒體　□ 朋友推薦　□網站推薦　□其他＿＿＿＿＿

3.您對本書的評價：(請填代號　1.非常滿意 2.滿意 3.尚可 4.再改進)

封面設計＿＿　版面編排＿＿　內容＿＿　文/譯筆＿＿　價格＿＿

4.讀完書後您覺得：

□很有收獲　□有收獲　□收獲不多　□沒收獲

5.您會推薦本書給朋友嗎？

□會　□不會，為什麼？＿＿＿＿＿＿＿＿＿＿＿＿＿＿＿＿＿

6.其他寶貴的意見：＿＿＿＿＿＿＿＿＿＿＿＿＿＿＿＿＿＿＿

＿＿＿＿＿＿＿＿＿＿＿＿＿＿＿＿＿＿＿＿＿＿＿＿＿＿＿＿

＿＿＿＿＿＿＿＿＿＿＿＿＿＿＿＿＿＿＿＿＿＿＿＿＿＿＿＿

＿＿＿＿＿＿＿＿＿＿＿＿＿＿＿＿＿＿＿＿＿＿＿＿＿＿＿＿

讀者基本資料

姓名：＿＿＿＿＿＿＿＿＿＿　年齡：＿＿＿　性別：□女　□男

聯絡電話：＿＿＿＿＿＿＿＿　E-mail：＿＿＿＿＿＿＿＿＿＿

地址：＿＿＿＿＿＿＿＿＿＿＿＿＿＿＿＿＿＿＿＿＿＿＿＿

學歷：□高中(含)以下　□高中　□專科學校　□大學

□研究所(含)以上　□其他＿＿＿＿＿＿＿

職業：□製造業　□金融業　□資訊業　□軍警　□傳播業　□自由業

□服務業　□公務員　□教職　□學生　□其他＿＿＿＿＿

請貼
郵票

To：114

台北市內湖區瑞光路 583 巷 25 號 1 樓

秀威資訊科技股份有限公司 收

寄件人姓名：

寄件人地址：□□□

(請沿線對摺寄回,謝謝!)

秀威與 BOD

BOD（Books On Demand）是數位出版的大趨勢，秀威資訊率先運用 POD 數位印刷設備來生產書籍，並提供作者全程數位出版服務，致使書籍產銷零庫存，知識傳承不絕版，目前已開闢以下書系：

一、BOD 學術著作—專業論述的閱讀延伸
二、BOD 個人著作—分享生命的心路歷程
三、BOD 旅遊著作—個人深度旅遊文學創作
四、BOD 大陸學者—大陸專業學者學術出版
五、POD 獨家經銷—數位產製的代發行書籍

BOD 秀威網路書店：www.showwe.com.tw
政府出版品網路書店：www.*gov*books.com.tw

永不絕版的故事・自己寫・永不休止的音符・自己唱